平和バカの壁

Kent Gilbert
ケント・ギルバート
Robert D. Eldridge
ロバート・D・エルドリッヂ

産経セレクト

S-011

まえがき

ケント・ギルバート

本書は、日本という国の文化や伝統、風土、そして日本人という民族の魅力にすっかり取り憑かれてしまい、人生の相当な割合を日本で過ごしてきた、二人の在日アメリカ人による対談共著の第二弾です。編集部が考えた今回のタイトルにある「平和バカ」というキーワードはなかなか挑発的ですが、第一弾の前作は、『危険な沖縄　親日米国人のホンネ警告』という真面目なタイトルでした。この第二弾にも沖縄の話は何度も出てきますが、二人とも近年の沖縄について、それだけ大変な危機感を抱いています。

沖縄は戦後、地政学的な優位性から一時的に米国領にされましたが、1972（昭和47）年5月に本土復帰を果たしています。私は、沖縄国際海洋博覧会のアメリカ館の職員として、復帰間もない75年7月から半年余り、米空軍嘉手納基地内の宿舎に住んだ経験があります。また、80年代には飲食店を出店したり、陸軍に入隊した義弟が配属されるなど、沖縄とは昔から縁がありました。そして共著者のロバート・D・エルドリッヂ博士の場合、在沖縄米海兵隊外交政策部次長を退職した後、前作の対談当時は沖縄に住んでいました。

前作では、私たちがとても大切に思っている沖縄が、どのようにして反日左翼や過激派、外国政府のプロパガンダに利用されてきたのか、そしていま、その工作活動がどこまでエスカレートしているのかを、沖縄県民や在日米軍にたくさんの友人や知人がいる「事情通のアメリカ人」同士で、存分に語り合いました。

第一弾が発売されて2年半余りが経過しましたが、いまだに日本のマスコミは、沖縄で起きている本当のことを、まともに報じようとしません。いや、もっとはっきり言えば、沖縄の反米軍基地活動については、公共放送のNHKですら平気で嘘を報じるのです。この明らかな「嘘を報じる人」と「嘘を信じる人」は、両方とも見事な「平和バカ」です。

例えば、私たちが前作で厳しく批判した沖縄県知事の翁長雄志氏が、先日、現職のまま膵臓がんで亡くなりました。その追悼式も兼ねて、辺野古への基地移設阻止を目指す「県民大会」（主催：辺野古新基地を造らせないオール沖縄会議、2018年8月11日）が沖縄県那覇市で開催されましたが、今回の大会は「土砂投入を許さない！　ジュゴン・サンゴを守り、辺野古新基地建設断念を求める」がテーマだったそうです。

ＮＨＫをはじめとする大手メディアは、この日のニュース番組で「那覇で7万人の県民集会」と報じました。実際の参加者は1万人未満と言われており、驚くべき水増しです。どうやら日本のメディアは、この手の集会の参加者数について、「主催者発表」とさえ言えば、どれだけ荒唐無稽な数字を報じても「免罪される」と考えているようです。

会場となった「奥武山陸上競技場」の公式サイトによると、同競技場の総面積は約2万1千平方メートルです。ここに7万人が集まると、1人当たり0・3平方メートルです。つまり、たたみ1畳分の面積（1・8m×0・9m＝1・62平方メートル）当たり、5人を詰め込む必要があります。これは朝夕の通勤ラッシュ時の満員電車並みの、周囲の人と密着して身動きが取れないほどの人口密度です。

何時に撮影されたのか分かりませんが、高い位置から撮影された写真を見ると、会場はぎっしり満員というわけではありませんでした。人と人との間に余裕があるだけでなく、誰もいない広いスペースもかなり見られます。また、現地に「潜入」した沖縄在住の知人によると、参加者が入れ替わり立ち替わり何巡もしたわけでもありません。

だいたい本当に7万人を収容した状態の広場やスタジアムなどの写真と比較すれば、「主催者発表の7万人は大嘘」と誰でも分かるはずです。「1万人すらいない」というのが私の見解です。このように、嘘だと分かった上で、「すぐにバレる嘘でも平和のために広めるのが自分の使命」と考えるのは、「平和バカ」の特徴です。

NHKは2018（平成30）年8月17日（金）に「時論公論」というニュース解説番組で、「沖縄県知事選挙へ　辺野古移設の行方は?」と題した番組を放送しました。出演した西川龍一解説委員は「沖縄では多くの県民がその死を悼み、先週末開かれた辺野古移設阻止を目指す県民大会には、7万人が参加しました」と言いました。ついに「主催者発表」という言葉さえ省いて、参加者数を断定的に報じたのです。8月20日現在、NHKの公式サイトにも掲載されていました。ところが、これについて私が『虎ノ門ニュース』などで指摘した結果、なんとNHKは24日までにそこにこっそり

「主催者側の発表で」と付け加えたのです。

その事業に公益性があるからと、法人税を免除されているＮＨＫによる、あまりにも度が過ぎた「フェイクニュース」でした。ＮＨＫの経営委員は、これほど疑わしい数字を裏取りもせずに断定的に報じた、同番組のプロデューサーやディレクター、出演した解説委員などへの事情聴取を行って、彼らに故意や重過失が認められれば、厳正な処分を下すべきです。これは「公共放送の信頼性」を著しく毀損する重大な行為だからです。

そもそも沖縄の「県民集会」の正体は、毎年、日本全国の労働組合が組合費を使って組合員を沖縄に動員する「労働組合全国集会・沖縄大会」です。「自称・沖縄県民集会」に全国から集まる参加者は、自分が所属する組合の旗やのぼりをもって入場しますが、写真や動画の撮影時には「組合旗を下ろしてください」と司会者に厳しく指導されるのです。

このカラクリは、ネット上では何年も前から完全にバレていて、証拠となる映像や画像もたくさんありますが、これを報道する新聞は産経新聞くらいです。ＮＨＫだけでなく民放テレビ局も、ごく一部の番組を除いてラジオ局も、朝日新聞をはじめとする大半の新聞も、地方紙に記事を提供する共同通信や時事通信も、「沖縄の県民集会はニセモノ」という真実を日本国民に知らせようとはしないのです。マスコミは典型的な「平和バカ」が多いので、産経新聞のように、真実を伝える側を「国内マスコミの和を乱すな！」と、いつも怒りの表情で睨み付けています。

２０１７年1月2日に放送された『ニュース女子』という報道バラエティ番組は、ついに「沖縄の真実」を地上波テレビで報じました。ところが番組内でその活動を取り上げた「のりこえネット」共同代表の辛淑玉氏が、ＢＰＯ（放送倫理・番組向上機構）に対して、「名誉棄損の人権侵害があった」と申し立てました。この番組を放送した東京ＭＸは、ＢＰＯの勧告を受けて、２０１８年7月、辛淑玉氏に謝罪しました。

確かにこのときの番組は、表現方法などに少し問題がありました。そのため、同番組を制作したＤＨＣテレビは、沖縄にスタッフを送り込んで再取材を行い、「続編」として検証番組を制作しました。再取材の結果、第一弾で報じた主張は「すべて事実」という結論に至ったのですが、「ことなかれ主義」の東京ＭＸは、肝心の続編を放送せず、それ故ＢＰＯから勧告を受けるという「自業自得の大失態」を演じました。私は東京ＭＸに所属する非常に有能な若手プロデューサーと知り合いなので、

「平和バカ」で無能な上司の失態のせいで、彼の会社がどんどん深みにハマっていく現状がとても残念です。

まだ前書きにもかかわらず、ついつい熱くなってしまいました。私たち二人の共通の願いは、日本の「平和バカ」の存在と正体に多くの日本人が気付くこと。そして、私たち自身や子供、孫の世代だけでなく、ずっとずっと何百世代も先の我が子孫が生きる遠い未来まで、この日本という国が、現在持っている素晴らしい特長をできるだけ維持してくれることです。さらに言えば、日本が国際社会でリーダーシップをもっと発揮し、アジア唯一の盟主として発展を続け、決して滅んだりしないことです。数十億年後、巨大化した太陽に地球が焼かれて、人類が滅亡する最後の瞬間まで、わがアメリカ合衆国とともに生き残って欲しいと願っています。

おそらく大半の日本人は、「国が滅ぶ」という事態を意識したことがないと思います。なぜなら日本という国は、はるか遠い昔に建国されて以来、一度も滅んだことがないからです。もちろん私たち二人の祖国であるアメリカ合衆国も、建国以来一度も滅んだことがありません。しかし、アメリカの歴史がまだ250年足らずなのに対して、日本は建国から2600年以上も続く、世界でいちばん長生きしている国なのです。日本は万世一系の天皇を頂点とする国家体制が125代にわたって続いています。そして喜ばしいことに、2019年5月1日からは、第126代の新天皇へと代替わりします。

この、実に幸運で幸福な状況が、日本に大量の「平和バカ」を生み出す最大の原因かも知れません。

日本よりずっと昔に成立した国はたくさんありました。そして、現在の日本以上に長生きした国もいくつかありました。巨大ピラミッドを建造した古代エジプトは、紀元前4200年頃に始まり、いくつかの王朝が入れ替わりつつ、長期にわたって継続しましたが、紀元前30年に女王クレオパトラ7世が自殺したことで滅んでいます。栄耀栄華を誇り、4000年以上も続いた国ですら滅んだのです。

ソクラテスやプラトン、アリストテレスといった偉大な哲学者を生み出した古代ギリシアの場合、最古とされるキクラデス文明が紀元前3000年頃から始まり、小国同士が離合集散を繰り返しながら、全体的には古代ギリシアという存在が継続しました。しかし、紀元前2世紀になると、古代ローマに占領されて属州となったことで滅んでいます。ちなみに、クレオパトラの古代エジプトを滅ぼしたのも、古代ローマです。

その古代ローマは、紀元前753年に建国されて、1100年ほど続いた395年、東西ローマに分裂しています。そして西ローマ帝国は480年に滅亡。東ローマ帝国はモンゴル帝国などに少しずつ領土を奪われつつも、さらに1000年以上続きましたが、最後は1453年に、オスマン帝国に侵略されて完全に滅んでいます。

チンギス・ハンが建国したモンゴル帝国は1206年に成立し、強力な騎馬軍団が史上最大といわれる広大な領土を獲得しましたが、やがて分裂しました。中国大陸に成立した元も、モンゴル民族が築いた国でしたが、1368年には明に侵攻され、支配地の大部分を失っています。その明は清に滅ぼされ、清はラストエンペラーの愛新覚羅溥儀のときに、孫文や袁世凱が率いた中華民国に滅ぼされました。

20世紀以降も滅んだ国は一つや二つではありません。1871年に始まったドイツ帝国は、第一次世界大戦の敗戦の際に、皇帝ヴィルヘルム2世が退位して共和制になったことで滅んでいます。その後はアドルフ・ヒトラーが率いるナチス・ドイツ（第三帝国）となり、1945年の敗戦でまた滅んでいます。

1721年に成立したロシア帝国は、1917年にソビエト連邦（ソ連）が成立して滅び、そのソ連は1991年に内部崩壊して滅んでいます。1912年に清朝を滅ぼした中華民国（国民党政府）は、中国共産党との国共内戦に敗れて台湾へと逃げ込み、1949年以降は中華人民共和国が中国大陸を支配しています。

日本も、その長い歴史の中で、異民族に支配されたことが過去に一度だけあります。それは1945年9月2日から52年4月28日の、GHQ（連合国軍最高司令官総司令部）による約6年8カ月の占領期間です。もし占領軍の中心がソ連だったら、昭和天皇は処刑され、皇室も廃止されて、日本は間違いなく滅んでいたでしょう。

しかし、占領軍の中心がアメリカだったので、日本は滅びませんでした。その後、世界中が驚く急速な復興と発展を遂げ、日本人の8割以上が戦後生まれとなったいま、「日本は20世紀半ばに滅びかけた」という現実を意識する人は極めて少ないと感じます。

数々の事例から分かるように「国が滅ぶ」というのは、世界的に見れば「会社が倒産する」ことと大差ない、ありふれた話です。しかし、自然災害や戦争で壊滅的なダメージを受けた経験や、戦国時代末期や幕末には植民地化されそうな危機が過去に何度もあったのに、結局、国が滅んだ経験は一度もない日本人は、まったく危機感が足りず、まさに「平和バカ」なのです。

ですから二人とも、多くの日本人が「大きなお世話だ」と感じると思いつつ、普通のアメリカ人が持っている「普通の感覚」から捉えた、近い将来、日本を滅ぼしかねない諸問題について、今回もあれこれ真剣に話し合いました。

日本という本当に素晴らしい国と、日本人という素晴らしい民族が、将来も決して滅びることがないように、日本の魅力に取り憑かれた、二人の「日本バカ」のアメリカ人の話を参考にしていただければ、著者として望外の喜びです。

2018年8月　ケント・ギルバート

本書の内容は2018年8月24日時点のものです。

平和バカの壁◎目次

装丁　神長文夫＋柏田幸子
DTP製作　荒川典久
編集協力　杉本達昭

序　章　戦争ができない国の致命的なデメリット

「話し合え」と主張する人たち

ケント・ギルバート（以降、ケント）　米朝首脳会談が2018年6月12日にシンガポールで開かれました。ドナルド・トランプ大統領は、米韓合同軍事演習の中止と在韓米軍の撤収に言及しました。在韓米軍の撤収が本当にあるにしろないにしろ、いずれにしても東アジア情勢は、ここにきて大きく動いています。

ロバート・D・エルドリッヂ（以降、ロバート）　北朝鮮問題もありますが、そもそも中国の拡張主義によって、東アジアは緊張状態が続いています。

ケント　でも、日本の国会はあいかわらずモリカケ問題をやっていたのですからね。

そもそも日本は、北朝鮮の弾道ミサイルが上空を通過し、初めてJアラートが鳴り、さらに核実験が行われても、あくまで野党やメディアは、「話し合え」「刺激するな」と主張していましたからね。

ロバート　話し合うだけだったら、米朝首脳会談は開かれませんでしたね。やはり圧力は必要です。

ケント　そのとおりだよ。ここに至るまでの状況を少し振り返ってみましょう。

まず、北朝鮮は弾道ミサイルの攻撃目標に、在日米軍基地や日本の都市が含まれると公言していました。

また、北朝鮮はもはや事実上の核兵器保有国であり、猛毒のサリンや神経剤VXなど、生物化学兵器を大量保有することも周知の事実だったわけです。そんな中で、安倍晋三総理が2017年4月13日の参院外交防衛委員会で、北朝鮮がサリンを弾頭につけて攻撃目標に着弾させる技術を保有している可能性を指摘したわけですよ。

すると、朝日新聞は翌14日の「素粒子」欄で、こう書いたんです。

〈シリアと同じだと言いたいか。北朝鮮がミサイルにサリンを載せられると首相。だから何が欲しい、何がしたい〉

ロバート　これはアメリカでは考えられないコラム。

ケント　朝日新聞は「北朝鮮の悪い印象を払拭したりして、日本人の『平和ボケ』を維持しようと努力しているのに、首相は余計なことを言うな」と言いたいように読めます。朝日こそ「何がしたい？」と私は聞きたいですよ。

同じようなマインドを持っているのは、日本共産党の志位和夫委員長です。志位委員長は2015年11月、テレビ番組に出演し、「北朝鮮、中国にリアルの危険があるのではなく、実際の危険は中東・アフリカにまで自衛隊が出て行き一緒に戦争をやることだ」と述べた、というのです（産経新聞）。

そして志位委員長は2017年4月12日、ツイッターに次のように書いた。

〈トランプ大統領が、米国単独で北朝鮮への軍事力行使に踏み切る可能性を示唆。破滅をもたらす軍事力行使に強く反対する。経済制裁の強化と一体に、外交交渉のなかで、北朝鮮の核・ミサイル開発の手を縛り、放棄させることが何よりも大切だ〉

ロバート　「外交交渉のなかで」というのは、つまり「話し合え」ってことですね。

ケント　そう。結果としてどうですか？　アメリカと話し合ったから、ずっと国内に「引き籠もり」状態だった金正恩委員長がシンガポールにまで行ったの？

ロバート　違いますよね（笑）。中国やロシアまで巻き込んだ経済制裁とともに、アメリカの軍事オプションという圧力は大きかったと思います。ただし、裏で両国が北朝鮮への制裁に穴を開けている証拠は山ほどあります。

ケント　金正恩委員長は、このままだと自分の命が危険だと本気で怖くなったから、アメリカ大統領とついに会談したんですよ。それを日本だけは丸腰で話し合えって？

自分にできもしないことを他人にやれと言うのは無責任な人の典型です。そもそも日本の有権者すら説得できないから、共産党は結党以来の万年野党なわけでしょ？

その程度の説得力で、どうやれば金正恩委員長を説得できるのでしょうか（笑）。

あまり驚かなくなった日本のズレた議論

ロバート　日本は世界で現実に起こっていることと、国内の議論がズレることが多いように感じますね。

ケント　象徴的だったのは、２０１８年の元旦。私はクリスマスの数日前から年始にかけてアメリカに帰り、ユタ州の自宅で家族とのんびり過ごしていたんです。そして日本に戻ると、ネット上では、元日未明にテレビ朝日系で生放送された討論番組『朝まで生テレビ！』の話題で持ち切りでした。

ロバート　お笑いコンビ「ウーマンラッシュアワー」の村本大輔氏の発言が炎上したというものですね。

ケント　炎上騒ぎを斜め読みしただけだけど、それによればどうも村本氏は番組中に「非武装中立」を掲げて、「（沖縄県・尖閣諸島は）取られてもいい」などと発言したらしい。

ロバート　鳩山由紀夫元総理は「日本列島は日本人だけの所有物じゃない」と述べた

し、2005年には朝日新聞の当時の論説主幹である若宮啓文氏が竹島について、「いっそのこと島を譲ってしまったら、と夢想する」とコラムに書いたりしましたから、日本ではよくある話と言えばよくある話。

ケント　そう。我々のような日本通になると、もうあまり驚かないけど（笑）。

でも村本氏はさらにこうも言ったようなんです。出演者から「（中国が）沖縄をくださいと言ったら、あげるのか」と問われ、「もともと中国から、取ったんでしょ」と答えたというわけ。

ロバート　それはすごい。さすがに日本在住が長い私でも驚きます。

ケント　そうでしょ。もっと言えば、日本国憲法第9条2項も「読んだことがない」と発言したというんです。東京大学大学院の教授から「少しは自分の無知を恥じなさい」と言われると、「視聴者の代弁者だから。テレビはそうなんですから」と反論したという話。

ロバート　無知を自覚している。そして開き直った（笑）。

ケント　日本に生まれて自虐的な学校教育を受け、「反戦平和」ばかりを唱える新聞やテレビを長年見ていたら、誰もが国防や領土問題について、無知で無関心な大人になります。私は「無自覚サヨク」と呼んでいますが、その典型のような人ですよね。無知を開き直る態度はいただけませんが、彼だけを責めるのは酷だとも思います。

ロバート　アメリカ人から見れば、日本全体が国防や領土問題に対する関心が低すぎるように見えます。だからこそ我々がこの対談をしている（笑）。

ケント　日本は世界情勢が激変している現実をまったく直視せず、「憲法9条を守れ！」とだけ言い続ける奇妙な人たちがいる国ですからね。日本の国防に責任を負う国会議員にもそういう無責任な人がたくさんいるから話にならない。自衛隊と日米同盟を廃止して「非武装中立にすべきだ」などという荒唐無稽な持論をテレビで口にしても、引き続き国会議員や弁護士、キャスターなどの要職を続けられる不思議な国です。芸人である村本氏は大した問題じゃない。こちらの方が大問題です。

村本氏は『アベマプライム』で、「こんなにも日本の領土についての意識が薄いヤツがテレビ出ていた。だからもう1回、家で尖閣が何で日本のものなのか、なぜ沖縄ってこうなんだろうと話し合えばいい。あそこで僕が間違えた発言をして怒られなかったら、ネットニュースにもならずに終わっていた。こんなヤバい、イタいヤツがいると言って、学んでくれたらうれしい。僕も学ぶ。明日も（国際政治学者の）三浦瑠麗さんに憲法を教えてもらう」と話していたというんですから、国会議員は彼の爪のあかを煎じて飲むべきですよ。

ロバート　日本人がこの調子の議論を続ければ、尖閣を取られるのは時間の問題。

拉致問題のための改善策

ケント　米朝会談でトランプ大統領は拉致問題を提起したということだけど、拉致問題は日本自身が解決するしかない。いずれ開催されることになる日朝首脳会談で直接交渉するしかないでしょうね。

ロバート　後に詳述する尖閣問題もそうですが、やはり日本の国益は日本が守るしかありません。

ケント　軍事オプションを持たない日本は、「力こそ正義」である外交の場で、圧倒的に不利だけどね。

ロバート　これについては日本の国会議員でもわかっていない人が多い。中国と「話し合う」ためには、後ろに「力」がないと話し合えません。

ケント　朝日新聞が米朝会談の後にこんな社説を書いています。

〈安倍政権は拉致問題の解決を最重要課題に掲げてきたが、今まで何の成果も出せていない。

これまでの北朝鮮の不誠実な対応には、大いに問題がある。一方で安倍政権も昨年の衆院選を前に、北朝鮮情勢を「国難」と呼んで危機感をあおるなど、政治利用の姿勢が目立った〉（社説「日朝の対話　首脳交渉へ準備整えよ」朝日新聞2018年6月16日）

これ、何なの？

北朝鮮がこれまでさんざん約束を守らなかったことと、安倍総理が北朝鮮情勢を「国難」と呼んだことを同列に論じる意味がわからない。

ロバート　先ほども話したように、実際、北朝鮮の弾道ミサイルが日本上空を飛んで、核実験も連発し、近隣に核保有国ができる瀬戸際という事実がある。危機感をあおっているわけではありません。日本の危機は目の前の現実なんです。

ケント　この朝日の社説にはさらに、こんなことも書いています。

〈安倍首相は一昨日、拉致被害者の家族らから直接、悲痛な思いを聞いた。最重要課題と言うのなら、解決をめざすと連呼するだけでなく、なぜこれまで進展しなかったのか冷静に考え、改善策をたてる必要がある。

日朝間には、不幸な過去の清算と諸懸案の解決をともに確認しあった「日朝平壌宣言」が今も生きている。

また、宣言の理念を踏襲した拉致問題での「ストックホルム合意」もある。日本政府が消極的な北朝鮮国内での真相究明調査も検討すべきだろう。

核と短・中距離射程のミサイルの問題も含めた包括的な解決へ向け、自主的な対話の戦略をしっかり練らねばならない〉（同前）

憲法のせいで「力」をバックにした交渉ができないからこそ、日本は苦労しているわけでしょ。その明白な現実に、朝日新聞は絶対に触れようとしない。ズルいです。

ロバート　今回は安倍総理が北朝鮮への経済制裁を続けるよう諸外国を説得し、さらにアメリカの軍事圧力があったから北朝鮮が話し合いに出てきたわけですからね。

ケント　そうだよ。にもかかわらず、「なぜこれまで進展しなかったのか冷静に考え、改善策をたてる必要がある」ってよく言うよ（笑）。

第一の改善策は憲法改正だよ。それに反対しているのは朝日新聞でしょ。自分の国は自分で守るようにならないと、北朝鮮との「対話」もできないんですよ。

ロバート　アメリカをはじめ世界が評価した平和安全法制に反対し、憲法改正に反対して、どう改善策を考えようというのか不思議な思考回路です。

ケント　朝日新聞は、拉致問題の現状を改善させたいとは思っていないのです。

朝日は9条削除と富国強兵を主張せよ

ケント　幕末の日本は、十分な軍事力を持たなかったため、不平等条約を締結させられたんです。だから、明治時代の日本国民は「富国強兵」をスローガンに一致団結し、近代的で精強な陸海軍を作り上げた歴史があります。そのおかげで、日本は日清戦争、日露戦争、第一次世界大戦に勝ち、世界から一目置かれる存在になりました。

ロバート　第二次世界大戦では敗戦しましたが、第一次世界大戦で日本は米英に協力する連合国の一員であり、戦勝国でした。

ケント　第一次世界大戦で日本は立派に戦って勝ったんです。しかし第二次世界大戦で敗戦し、日本は「国防のために軍隊を持つ」という世界の常識に反して、戦力放棄を規定する「日本国憲法」という名前の新たな不平等条約を甘受したわけです。これは罰として男性器を去勢する「宮刑」みたいなものです。しかも、日本人は70年以上も、その解消に取り組まなかった。

その結果、日本は北朝鮮にナメられ、日本国民が拉致されても、いまだ被害者を取り返せていない。国民が国内から拉致される日本は、平和国家でもなんでもない。

ロバート　なぜそれが日本人にはわからないんでしょうね。

ケント　国防のことになると、多くの日本人はいきなり思考停止だから。

本来、朝日新聞が安倍政権の「倒閣」を目指したいのなら、拉致被害者と家族の人権を侵害している憲法9条の削除と、「富国強兵」を主張すべきだと思うんですよ。

ロバート　実際に憲法改正をして、自分を自分で守るようにしなければ、拉致問題の解決だけでなく、日本という国家の生存も危ういところにきています。

ケント　アメリカ頼みでは危険ですね。

1951年のサンフランシスコ平和条約調印の裏で、当時の吉田茂首相が単独署名した旧日米安全保障条約は、アメリカが圧倒的に有利なものでした。米軍は日本を守る義務を負わず、占領終了後も日本での駐留権を確保したわけです。

日本を守る義務がないので、事実、韓国が52年に李承晩ラインを設定し、53年に島根県・竹島を強奪したときも、57年にソ連国境警備隊が、北海道・歯舞諸島の貝殻島に上陸して実効支配したときも、米軍は動いていません。

ロバート　アメリカに義務がなかったのは、日本がアメリカを守る約束ができなかったからです。アメリカ議会では、日米安保条約締結より前の1948年に、軍事同盟に参加する条件などを定めたバンデンバーグ決議が可決されました。これによれば、防衛義務は相互に負うので、日本がアメリカを守る約束がなければ一方的にアメリカが日本を守れないのです。

その後、日米安保条約は、日本政府の要望で1960年に改定され、現在の正式名称は、「日本国とアメリカ合衆国との間の相互協力及び安全保障条約」ですが、いまだに日本にはアメリカを守る義務がありません。では、なぜ「相互」という文字が入っているかというと、日本は日本国内にある米軍基地を守る義務があるということなのです。アメリカの議会を説得するための、当時のダグラス・マッカーサー2世駐日米大使（元帥の甥）の工夫でした。

ケント　そう。それで米軍の片務的防衛義務が、日米安保第5条に規定されました。

奪われた領土は取り戻すのが難しい

ロバート　日米安保第5条があっても、いま、日本は侵略の危機にあります。北朝鮮の核やミサイル問題もさることながら、最も重要なのは尖閣諸島の問題でしょう。拡張主義を隠さない中国は、尖閣周辺での活動をどんどん活発にしています。

２０１８年６月29日には、中国海軍の病院船が尖閣諸島・大正島周辺の領海外側にある接続水域を航行しました。18年１月には潜水艦が潜った状態で航行したりもしていて病院船で３回目です。そして中国海軍は領海侵入をすでに３回も行っています。

ケント　18年７月１日から中国の海警局（海警）が中央軍事委員会の指揮下にある武装警察に正式編入され、警察ではなく軍事部門の傘下に入ることになりました。中国は着々と準備しています。日本は中国との領土問題を甘く見過ぎです。

ロバート　モルドバというロシアとの領土問題を抱えている国に行ったときに、印象的なことがありました。モルドバは、すでにロシアに国土の一部を実際に占拠されています。

18年１月、モルドバの大学で尖閣問題に関する講演を行ったとき、その大学の50代の研究者は当初、アメリカ人である私を大変警戒していました。旧ソ連の共産主義時代を経験したからでしょうね。でも、講演後、態度が一変したのです。

ケント　なぜ？

ロバート　彼は私に感謝したのです（笑）。実際、「大変ためになった。示唆を受けた。感謝します。参考にします」と言われました。

ケント　ロバートの話がロシアとの領土問題の役に立ったというわけですね。

ロバート　そう。彼は講演中、一所懸命メモを取っていました。彼は自分の国、超大国に隣接する小さな国の国益を考えているのだと思いましたね。

そのとき改めて認識したのは、いったん領土を隣の大国に占拠されてしまうと、もう取り戻すことができないということ。

ケント　同じように、北方領土も日本はなかなか取り戻せないでいる。

ロバート　尖閣諸島もまた、中国に奪われてしまったら、二度と還ってこないでしょう。奪われたものを取り戻すのは大変なのです。韓国が占拠している竹島のように、下手に手が出せない状況になります。

そしてもし、尖閣が取られてしまったら、北方領土、竹島、尖閣、の3つの領土問題は、すべて日本にとって不利な決着を迎えることになります。尖閣を取った後は、中国、ロシア、韓国の〝三国同盟〟は現状変更を認めないでしょう。

ケント　2018年6月18日、韓国の海軍や海兵隊は、なんと竹島周辺海域で、駆逐艦や戦闘機を投入した定例の合同訓練を開始しました。日本政府は訓練開始が韓国から発表された時点で抗議しましたが、結局韓国軍はやった。しかも北朝鮮問題で日米韓の連携がいちばん必要なこの時期にですよ！　まったく理解できません。

ロバート　一度、領土を占拠されると取り戻すのが難しいですね。

さらにモルドバのように領土の一部を取られると、大国と隣接している以上は主体的な外交ができなくなります。モルドバ国内では、NATOへの加盟を希望している声が多いようですが、それはロシアが絶対に許さないでしょう。

つまり、尖閣諸島を奪われてしまうと、日本は対中国外交で主体性がなくなってしまうということです。中国の顔を一層立てなければならなくなる。

ケント　相手国の機嫌を完全に損ねたら、領土を取り返すには戦争するしか方法がないですからね。北方領土と竹島の問題から、日本は何も学んでいないようです。

尖閣無策

ロバート　日本のいまの尖閣政策は、「奪われるようなことがあったら取り返す」というものです。しかし、領土はいったん占領されると基本的に還ってこないわけで、その教訓から考えると日本の尖閣政策は、非現実的な原則を唱えていることになります。まず奪われないように対策を取ることが大事なのです（その意味で、アメリカが1953年に奄美群島、1968年に硫黄島など小笠原諸島、1972年に沖縄を例外的に返還したことはきわめて重要です）。

ケント　当たり前だよね。まったく当たり前すぎる話。

ロバート　はい（笑）。ですから、日本は尖閣問題に政策も持っていないし、戦略もないということになります。だから私は「尖閣無策」と言っているんですよ。

ケント　尖閣無策、その通り。

ロバート　日本は領土問題を甘く見過ぎです。もう一度言いますが、一部でも主権を失うと、主体的な外交はできなくなるし、内政も妨害を受けたり、分裂したりします。

それにもかかわらず、日本は無策だから、海上保安庁と自衛隊という現場に任せっぱなしになっていますね。海上保安庁には大変な負担がかかっているし、航空自衛隊もスクランブルで振り回されているわけです。

ケント　ロバートは尖閣について日本がいま、すべきことがあると提案していますね。

ロバート　尖閣について私は、自衛隊、あるいは海上保安庁の前に、まず外交・行政的にやるべきことがあると思っています。①港の整備、②ヘリポートの整備、③気象台をつくる、④灯台をつくる、⑤公務員を常駐させる、⑥射撃訓練場を稼働させる。このような6つの対策は、行政的にいまからでもできるけれどもやっていません。

中国は南シナ海ですでに人工島をつくり、基地を建設しています。しかしこれは国際法違反です。オランダ・ハーグの仲裁裁判所が、「九段線」という中国が主張する境界線に国際法上の根拠がないと認定しましたね。判決では中国が「九段線」の海域内で主張している主権や管轄権、歴史的権利に関して根拠がないとし、国連海洋法条約を超えて主権などを主張することはできないとしています。

一方、尖閣は日本の施政権下のものです。ですから、現実的に使える場所にすればいいと思います。日本が整備し、漁船が使える場所にすればいいわけです。

ケント　いいね。いますぐやるべきです。

ロバート　にもかかわらず、いまや尖閣は日本人も近寄れない島になっている。

ケント　日本人は、自分たちの国の政府を信用しちゃいけないと思っている。戦後教育とメディアの悪影響です。安倍総理がロバートの挙げたような対策を進めたら、「安倍さんが戦争しようとしている！」となる。共産党は必ずそう言うはずです。

日米台で尖閣の取り引きをせよ

ロバート　私は、尖閣について、台湾、アメリカ、日本がきちんとした取り決めをすべきだと思います。台湾は尖閣に対して領有権の主張を放棄する。そしてアメリカは尖閣が日本のものであることを認める。アメリカと日本は台湾の、いわゆる独立を認める（そもそも台湾はすでに独立した国家ですが）。そうすると3カ国の同盟が、その場でつくれます。台湾と尖閣について、中国の脅威に対して3カ国がしっかりとした同盟の下で対応できることになる。

ケント　とてもいいアイデアだね。嫌がるのは中国だけだから、最高ってことだ。

ロバート　南シナ海で中国が覇権を確立しようとしてきたのを、アメリカはずっと黙認に近い形でやりすごしてきました。いまになって多少牽制していますが、遅すぎると思います。しかも、いまやっていることは嫌がらせのレベル。嫌がらせなら、いくらでもできる。もう南シナ海の中国の覇権を許してしまったのも同然です。

ケント　そう、オバマ政権の動きは遅すぎたんだよ。

ロバート　ですから、その代わりに、アメリカは台湾を主権国家として認めるべきだと思います。

ケント　アメリカは１９７９年1月、カーター政権のときに、中国（中華人民共和国）と国交を樹立し、対日戦の同志だった中華民国とは断交しました。中国大陸の支配権は49年から共産党に移っていたので、アメリカは現実に屈服したわけです。

同時期に、54年12月に調印した米台軍事同盟である「米華相互防衛条約」も失効し、在台米軍は撤退しました。だから人民解放軍が、いずれ台湾を軍事進攻することは確実だと思われたのです。

でも、アメリカは台湾と断交した１９７９年に「台湾関係法」を整備したんですよ。在台米軍の駐留は終了するけれども、武器売却や沖縄などの在日米軍の力で、自由主義陣営である台湾を守れるようにしたというわけです。だから日本は、そして沖縄はそれ以来、アメリカの台湾防衛政策に、片務的貢献を果たしてきたとも言える。

ロバート　その台湾防衛に、アメリカが力を入れてきていますね。

２０１８年3月、「台湾旅行法」がアメリカで成立しました。これは、アメリカと台湾の閣僚や政府高官の相互訪問の活発化を目的とした法律です。台湾の実質的な在米大使館である台北経済文化代表処などの台湾の組織や団体に、アメリカ国内での経済活動を奨励する条項も盛り込まれています。

台湾関係法があるものの、アメリカは米台高官の相互訪問を自主的に制限してきたという事情がありましたね。今回、アメリカはそれを払拭する法律をつくりました。そして法律が施行されてから数日で、アレックス・ウォン国務次官補代理は台湾に行ったのです。そのような訪問を「レッドライン」と呼んでいる中国を怒らせましたけど。

台湾に米軍基地を

ケント　中国が主張する「一つの中国」に関しては、トランプ大統領が就任前から様々な嫌がらせというか、牽制をしていましたね。

ロバート　そうです。２０１６年12月2日、大統領就任前にトランプ氏は台湾の蔡英文総統と電話会談をしました。この日のツイッターでトランプ氏は、蔡総統を「台湾総統（The President of Taiwan）」と呼び、「私の当選祝いのために電話をくれた。ありがとう」と書き込みました。トランプサイドの発表では、両者は「経済、政治、安全保障での緊密な関係が台湾と米国の間にある」と確認し合ったそうです。

ケント　そして先ほど出た台湾旅行法が、18年3月に成立したという流れになります。18年6月12日にはアメリカの台湾での窓口となる米国在台協会（ＡＩＴ）台北事務所の新庁舎落成式が台北で行われました。

ロバート　アメリカ政府からはマリー・ロイス国務次官補（教育文化担当）やＡＩＴのジェームズ・モリアーティ理事長、米議会下院議員３人らが出席したのです。当初は、台湾の強力な支持者でもあるジョン・ボルトン大統領補佐官（国家安全保障問題担当）が訪問するという噂もありましたが、それは実現しませんでした。台湾からは蔡英文総統と頼清徳行政院長（首相に相当）が出席しました。

アメリカのロイス国務次官補はそのとき、次のように語ったということです。

「米台関係の強さの象徴であり、今後の偉大な協力を可能にする先進的な施設だ」（産経新聞２０１８年6月12日）

ケント　アメリカは対中戦略上、それなりに手を打っています。ボルトン大統領補佐官は就任前にウォールストリート・ジャーナルに、台湾に再び米軍基地を設置して、沖縄の戦力の一部を移すべきだという論文を寄稿しました。

在日米軍基地が沖縄に集中した唯一の理由は、地政学上とても有利な位置に沖縄があるためですが、台湾は沖縄と同等か、それ以上の地政学的価値があります。すぐに実現できるものではないかもしれないけれど、そういう計画を打ち出すことによって、習近平国家主席は慌てますよ。

ロバート　アメリカの海兵隊が台湾軍の施設に入ればいい。基地を共同使用すればいいわけです。だから新たに別の海兵隊の基地をつくる必要もない。あるいはフィリピンのように有事駐留にするという方法もあります。常時駐留しないけれども、いつでも使ってもいいという協定を結んでもいい。

ケント　駐留を固定しない。でもそれをやると、中国は相当怒るだろうね。

中国領土拡張へのカウンター

ロバート　そして先ほども言いましたが、アメリカだけでなく、日本も台湾を独立国家として認めるべきだと思います。それが中国の南シナ海でやっていることに対する強烈なカウンターになる。中国の行っていることは中国の立場を悪化させるという強いメッセージになります。

ケント　北朝鮮問題で中国問題がクローズアップされにくいですが、最終的には中国問題こそが最も重要です。日本は台湾について、まず何をすべきだと思いますか。

ロバート　日本版・台湾関係法を早急につくるべきです。

　第二次安倍政権発足以来、日本でも台湾との関係が若干変化していますから、いまがチャンスです。安倍総理とその弟である岸信夫衆議院議員は親台湾の政治家なので、公式、非公式に日本と台湾との交流が行われています。

　公式には、赤間二郎総務副大臣は17年3月25日に台湾に行きましたね。台北市内で日本の対台湾窓口機関である日本台湾交流協会が主催する食品・観光イベントの開幕式に出席しました。1972年の日台断交以来、副大臣級が公務で台湾を訪問するのは45年ぶりです。

ケント　安倍総理は台湾について、「台湾は価値観を共有し緊密な経済関係と人的往来のある重要なパートナーだ」と述べていますね。

ロバート　はい。そして政府高官ではありませんが、自民党の鈴木馨祐衆議院議員が17年12月に台湾を訪問して「台湾アメリカ日本安全対話フォーラム」に出席し、日本版・台湾関係法に言及しました。「今後2〜3年以内に進展の可能性がある」と述べたのです。

ケント　それはいいですね。

ロバート　日本は台湾と歴史的、地理的、社会的に密接な関係があるにもかかわらず、台湾との関係を規定する法律がありません。アメリカは台湾関係法を数週間で成立させましたが、日本は何十年にもわたってそれができていないのです。

実は、日本版・台湾関係法について取り上げられたのはこれが初めてではありません。2013年に日本の「李登輝友の会」の作業チームが、日本版・台湾関係法（日台関係基本法）の制定について政策提言をしました。これは、日本が日米同盟と併せて、「法」に基づく海洋の自由を保つために、台湾と協力しなければならないと主張したものです。

その後、この提言について、2016年に江口克彦参議院議員が「日台関係及び『日台関係基本法』の制定に関する質問主意書」を提出し、安倍総理がそれに答えています。

質問は、日本版・台湾関係法（日台関係基本法）の制定について「政府がそうした政策提言を受け取った事実はあるか」「政策提言を受け取った事実があるのであれば、その概要を明らかにされたい」というものです。安倍総理の答弁書は、「政策提言は受け取った」と明言しましたが、「その概要については、政府としてお答えする立場にない」というものでした。

いまのところ日本版・台湾関係法について、具体的な動きがないように思いますが、でも日本が台湾関係法を制定するのはいましかありませんよ。国内では、親台湾の総理が強い政権運営をしていて、国際的にはトランプ大統領が台湾に理解があり、中国の軍事力が台湾の抑止力を大きく上回る前、つまりいましかないのです。

ケント　いまやらなければ、手遅れになります。

ロバート　そう。法案作成を迅速化するために、アメリカの台湾関係法とその制定過程を下敷きにすればよいのです。そこに日本と台湾特有のものを入れればいい。国会で早急に議論し、法案を成立させるべきです。例えばこの秋の国会で審議してほしいと思います。台湾の安全保障は日本の安全保障ですからね。

ケント　日本は台湾の対日世論調査で過去連続5回にわたって「最も好きな国（地域）」であり、「海外旅行に行きたい国」の第1位です。直近の2015年度対日世論調査では、「今後台湾が最も親しくすべき国（地域）」で、初めて中国を抜いて日本が1位になっています。

また、台北駐日経済文化代表処が行った世論調査によれば、日本人の方も「台湾に対して親しみがある」（66・5％）、「台湾は信頼できる」（55・9％）、「台日関係は良好である」（60・2％）との見方を示しています。

日台関係は国民レベルでも極めてよいわけですから、いま、まさに日本版・台湾関係法を成立させるチャンスです。

沖縄米軍基地を自衛隊との共同使用に

ロバート　アメリカも日本も台湾との関係をうまく活用すべきです。日本版・台湾関係法により、台湾との関係を次のレベルに引き上げることは時宜にかなっています。

２０１８年6月22日、李登輝元台湾総統が沖縄で台湾出身者を慰霊するために来日しましたね。李登輝氏は翌23日には講演を行い、「日中間における尖閣諸島や南シナ海の問題など、絶えず周辺国家との緊張状態を作り出し、潜在的な軍事衝突の可能性を生み出している」として中国を批判しました。そして日本と台湾が「中国の覇権的な膨張を押さえ込みつつ、平和的な発展を促すため協力関係をより一層強化すべきだ」と強調しました。「朝鮮半島の情勢とアジアの平和は日本の関与なくして実現することはかなり難しい」とも述べています。さらに離日前には「日本は米国にばかり頼ってきた考えを避け、アジアを背負っていく考え方をもつ必要がある」と述べました。

ケント　まさに李登輝氏のおっしゃる通り。完全に同意します。

さらに李登輝氏は、沖縄の重要性を指摘し「台湾と日本は沖縄を介せば、より深い関係になれる」とも述べましたね。

ロバート　ケントさんから先ほど、ボルトン氏の論文について、つまり沖縄の米軍の一部を台湾に、という話がありましたが、私はとりあえず沖縄米軍基地をすべて自衛隊と共同使用にすべきだと思います。財政的な節約にもなるし、相互運用性が高まります。そして政治的、行政的に説明責任をちゃんと果たせることになる。つまり日本が基地に関する行政をすることになるので、地元対策として、すごくいいと思うんです。日本語ができないアメリカ人が地元に対して説明するより、日本人同士が話し合ったほうがより健全で、より透明性がありますから。

ケント　どうして沖縄の基地を共同使用にできないの？

ロバート　やろうと思ったら、できます。

ケント　やればいいのに。

ロバート　この課題に私は20年近く前から取り組んでいます。日経新聞の経済教室でも提言してきました。本土の基地についてはどこも問題になっていないでしょ？　それは主要な基地は全部、共同使用だからです。

ケント　そう、本土の基地はほとんどすべて日米で共同使用しています。沖縄でもそうすればいい。マイク・ペンス米副大統領が横田基地で行った演説の中には「横田には在日米軍の本部もあれば、航空自衛隊の本部もある。そして、日米の防衛力が世界で最も集結している場所の一つです」という発言がありましたよね。

ロバート　米軍にも共同使用が嫌だという人がいるかもしれませんが、しかし、米軍にも大きなメリットがあるのですよ。米軍は本来の任務だけに専念できて、政治問題にたずさわる必要がなくなります。共同使用であっても指揮は別々に行いますから、基地の中に自衛隊と米軍がいるという関係だとイメージしてください。

ケント　横田や座間、横須賀、三沢や佐世保と一緒ですね。それら全部を見学したことがありますが、すごくうまくいっています。

でもね、例えば先のボルトン氏の提言が実現したら、沖縄の基地負担を減らしつつ、南シナ海や尖閣諸島周辺で中国の横暴を効果的に牽制できるのだから、沖縄にとっては喜ばしいことだと思うでしょ？

ロバート　沖縄の反米軍基地運動はあいかわらず激しいですからね。そうだと思います。

ケント　でも、ネット検索してみたんだけど、なぜか在沖米軍基地を「諸悪の根源」のように報じてきた一部の新聞やテレビ局には、ボルトン氏の提言を報じた形跡がなかったんだよね。

ロバート　ボルトン氏を褒めてもおかしくないのに（笑）。

ケント　大絶賛してもいいはずでしょ。

ロバート　ボルトン氏の提言の意味がわからないのかもしれない。

日本のテレビの報道番組などを見ていると、大学教授などが出演して、国際情勢における戦略を語っています。しかし、日本は日本自身の戦略がありません。日本の戦略がないのに、どうやって国際情勢における戦略を語るのでしょうか？

ケント 日本は安全保障についてはさっきも言ったけど、思考停止だからね。野党やメディアのどの部分が、そしてなぜ思考停止なのかということを、日本人はそろそろ真剣に知ったほうがいい。そうでなければ国際情勢激変の中で国が滅びます。

ただ話し合うだけでは、北朝鮮の拉致被害者は帰ってきません。日本は「平和主義」という名の「不戦主義」を掲げていますが、「不戦主義」とは「戦争をしない」のではなく、「戦争ができない」状態だということを知ったほうがいいと思います。

70年以上にわたって「戦争ができない国の致命的なデメリット」が日本のあちこちに現れています。本書では、日本はなぜ存亡の危機なのか、なぜ北朝鮮による拉致被害者を取り戻せないのか、「平和バカの壁」とは何かを、「戦争の歴史を数多く持つ国」であるアメリカと比較しながら明らかにしましょう。

第1章　アメリカ国民は戦争を支持する

自衛官の制服を国民が知らない

ケント　先日、こういうことがありました。アメリカから帰ってくるときにロサンゼルスで乗り換えたんですが、デルタ航空の場合、４列に並んで順番を待つんです。一列目は身体障害者、高齢者、幼い子供を連れている家族など、特別な手伝いが必要な方たち。その隣がダイヤモンドクラスです。その次にも特別なクラスがあって、私はそこに並んでいました。

するとうしろのほうでちょっとザワザワしているから、何だろうなと、振り返ってみたら、迷彩服を着た現役の軍人がいたんです。すると、列に並んでいる人たちが、「前へ行って。前へ行って」と言っているわけ。

ロバート　軍人を前に行かせた。

ケント　そう。みんなが彼をよけて、「どうぞ、どうぞ」と。本人はすごく恐縮していましたが、周囲が「どうぞ、どうぞ」と促す。

ロバート　そういうものですよね。

ケント　軍のユニフォームを着て、飛行機に乗ろうとすると、周囲が敬意を払うわけ。

そのちょっと前にも面白いことがありました。地元ユタ州で約1万人が集まるコンベンションに参加したんですが、そこにいる人がファースト・レスポンダーたちをステージに上げて、彼らに対して日ごろの感謝と敬意を表していたのです。

ロバート　ファースト・レスポンダーというのは応急の手当てをする人ですね。

ケント　そう。要するに何か事件や事故、災害などが起こったときに、いちばん最初に対応する人たちです。救急隊だったり、消防、軍、警察などもそう呼びます。

会場には約1万人がいましたが、その中にファースト・レスポンダーが100人ぐらいいたわけです。その人たちを全員、舞台の上に上げて、みんなが座席から立ち上がって拍手喝采をしました。カナダとアメリカの合同コンベンションだったのですが、その後、現役の海兵隊が国旗を持ってきて、13歳の歌がうまい女の子が、カナダ国歌とアメリカ国歌を歌ったんです。ものすごく感動しました。

日本人4、5人と一緒に行っていたんですが、みんな、感動していました。「これはすごいね」と。日本ではなかなか見られない光景だから。

ロバート　日本では救急や消防に対する敬意はある程度は払うけど、軍に対してはどうでしょうか。

ケント　ステージ上のファースト・レスポンダーの中には、明らかにもうリタイアしているのに、ユニフォームをピシッと着ている人もいました。この人たちが私たちの命を守ってくれているんだなと意識させるすばらしい儀式で、見られてよかった。

ロバート　私は逆のことを日本で体験しました（苦笑）。

２０１７年2月に私は陸上自衛隊の歴史についての英語の本を出版したんですね。その本を書くきっかけのひとつに、２００２年頃、海兵隊の将校がハワイから日本の空港に着いたときの出来事があります。当時、私は大阪大学にいたのですが、その日は神戸の地方協力本部の自衛官が研究室に来ていました。私が海兵隊の将校を迎えに空港に行くと言ったところ、その自衛官も彼に会いたいという。そこで一緒に空港に行き、出口ゲートあたりで待っていたら、こちらに向かって接近してきたおばあちゃんが自衛官に対して、こう言ったんです。

「すみません、〇〇出口は、どこですか?」

自衛官はそれに答えなかったんですが、彼女はさらにもう1回、しつこく質問していました。自衛官はなぜ自分に聞いているのか、という顔をしていたけど、おばあちゃんは「あなたはここに勤めているんでしょ」というふうなんですね。

彼は陸上自衛隊の将校なんですよ。

ケント　その制服を空港の職員と間違えたわけね。

ロバート　そう。自分の国の自衛官の制服を国民が知らないのは、本当に悲しいことで、私は恥ずかしいと思ったんです。

ケント　日本では制服の自衛官を街中であまり見かけないですね。

ロバート　日本の場合、例えば戦前、戦中の思い出から、戦後に反動があったようですね。軍人がすごく悪いものだと思っている人がいます。それを知っている自衛官も遠慮をしてなかなか外で制服を着ません。その状況は変わりつつありますが、大学の中ではやはりまだ制服を着用しませんね。

ケント　軍人＝悪というのは、共産党のプロパガンダだよ。自衛官が小西洋之議員に暴言を吐いたという話も、そういうプロパガンダの流れの上で、おかしな議論になっていました。

自衛官が真実を言って何が悪い

ロバート　２０１８年４月16日の午後８時40分頃に、統合幕僚監部指揮通信システム部所属の幹部自衛官（3等空佐）が、小西議員に対して暴言を含む不適切な発言を行ったというニュースがありました。当初の報道ではこう書かれています。

〈民進党の小西洋之参院議員は17日の参院外交防衛委員会で、現職自衛官と名乗る男性から国会前の公道で16日夜、「お前は国民の敵だ」と繰り返し罵声を受けたと明らかにした。

小西氏によると、男性は周囲の警察官らが駆けつけた後も同様の発言を繰り返し、小西氏が防衛省に連絡すると告げても発言をやめなかったが、最終的には発言を撤回したという〉（産経ニュース2018年4月17日）

つまり、「お前は国民の敵だ」と言ったのが問題だと。

ケント　本人が気付いていない真実を教えてあげることの何が悪いの？（笑）　親切心で「社会の窓が開いてますよ」と教えたら、逆ギレされたみたいな話だね。

ロバート　その前に、自衛官と小西議員の話が食い違っているという問題があります。自衛官は「国民の敵」だとは言っていないと供述しています。「馬鹿」「気持ち悪い」「国益を損なう」「国民の命を守ることと逆行」ということは小西議員に対して言ったそうです。

ケント　彼のツイッターをよく見ているけど、小西議員は嘘つきだよ。自分が言ったことを全然実行しない。自衛官によれば小西議員はそのときこう言ったらしい。

「あなたのさっきのような、人格を否定するような罵ったところとか、私の政治活動を冒涜するようなこととか、そういったところを謝罪してもらえるんだったら、特に防衛省に通報したりとか、そういうことはしないから」（防衛省HP「本人の供述」より）

通報しないどころか、大騒ぎして問題化しているんだから嘘つきでしょう？　しかも、もし、「国民の敵だ」と、この現役の自衛官が言ったとしても、何が悪いわけ？　真実だもの。国防について真剣に議論しない国会議員は「国民の敵」ですよ。

ロバート　でもアメリカでもやはり、軍人は政治的な発言を遠慮する雰囲気はありますよ。

ケント　現役の軍人がランニングの最中に上院議員に偶然出会って、「あんたは国民の敵だ」と言ったら、処罰されます？　それはないと思うよ。

ロバート　処罰はないと思います。しかし、そもそもそういう発言を、公の場で、また本人に直接行うということは、アメリカではちょっと考えにくいと思うんです。もちろん、自分のグループの中では言うことはありますが。

ケント　でも、これは「言論の自由」の範囲なんじゃないのかな？

ロバート　それはそうです。

ケント　つまり政治的発言じゃないんですよ。主観的なその人の感情を本人にぶつけているだけであって、攻撃しているわけでもないしね。

ロバート　ケントさんのおっしゃっていることは、そのとおりだと思うのですが、それでも同じような組織にいた私からすると、やはり自衛官は直接に議員に感情をぶつけるべきではないとは思います。小西議員についての評価を決めるのは「選挙」だからです。

こういうことを現役の自衛官が言うと、やはり自衛隊のイメージダウンにつながりますし、このような事件を使って〝敵〟が自衛隊を貶めようとしますから、それが心配です。

軍人にも言論の自由がある

ケント　でも、自衛官だからといって、あるいはアメリカの軍人だからといって、政治について一切、話してはいけないというわけではない。有権者なんだし、言論の自由があるから、話してもいいわけです。もちろん自衛官が選挙活動をしてはいけませんよ。でも、政治について、相手が議員であろうと、誰であろうと、話していいじゃないですか。裁判でこの自衛官を弁護するなら私はそう言いますよ。

自衛官の供述によれば次のような経緯ですからね。

〈交差点で一緒になり、会釈された際に、私は小西議員へのイメージもある中、あいさつを返したくない気持ちもあり、無視をするのもどうかと思って、思わず「国のために働け」と聞こえるように、大きい声で言ってしまいました。

それに対し、小西議員の方からも「国のために働いています。安倍政権は、国会で憲法を危険な方向に変えてしまおうとしているし、日本国民を戦争に行かせるわけにいかないし、戦死させるわけにもいかないから、そこを食い止めようと思って、私は頑張ってやっているんです」という反論がありました。おそらく、小西議員は日頃からネット上やさまざまなところで、いろいろな反対意見・批判を受けていて、そのたびに憲法や平和安全法制の話題で対立していたので、この種の反論になれているように感じました。

「戦死」を身近に感じている私にとっては、小西議員の「戦死」という言葉の使い方が非常に軽く感じ、私のこれまでの災害派遣任務で経験したヘリから基地に空輸されてきたご遺体を目の当たりにしたときの強い衝撃や使命感、そしてすべての自衛官が持っている「事に臨んでは危険を顧みず」という覚悟を軽んぜられたと感じたので、「俺は自衛官だ。あなたがやっていることは、日本の国益を損なうことじゃないか。戦争になったときに現場にまず行くのは、われわれだ。その自衛官が、あなたがやっていることは、国民の命を守るとか、そういったこととは逆行しているように見えるんだ。東大まで出て、こんな活動しかできないなんてばかなのか」とむきになってしまい、言い返してしまいました〉（産経ニュース2018年4月24日より抜粋）

自衛官の言い分は、全部そのとおりだと思います。正論だし、事実誤認も見当たらない。この内容を読めば、彼の行動は「言論の自由」の範囲内です。

ロバート　内容は問題ありません。でも、繰り返しますが、軍隊という組織の人間として小西議員に対して直接感情をぶつけたのはどうかなということです。しかも夜ですから、相手が危険を感じたかもしれません。

ケント 危険は感じてないでしょう。むしろ、小西議員は、「よし！ これ、ネタに使えるな」なんて思ったんじゃないかと推測しますよ（笑）。

ロバート それもあるかもしれない（笑）。

このようなことがあった場合、アメリカであれば、議会から直接、ペンタゴン（国防総省）の連絡調整事務所に連絡して、問題を共有し、対処してもらうはずです。一議員が問題化するのではなく、ペンタゴンが経緯を説明するはずです。

ケント そもそも政治家という存在は批判されるものですよね。小西議員はそれに慣れているでしょ。ツイッターではいつも大炎上ですから。そう考えると小西議員はこの問題を意図的に大問題にしようとしたのではないかとも推測できます。

そういえば、以前所属していた事務所は「当たり屋」に遭ったことがあります。マネージャーが運転していたら、ミラーが当たったと言われたんです。私も見ていたので、当たっていないんですが、当たったと相手は言うんです。本来なら当たっていないと言い続ければいいのですが、うちの事務所は相手がうるさいから5万円を払いました。「当たり屋」は理不尽なことを何でもかんでも言ってきます。著名人が乗っていることに気づいたから、「あ！これでカネが取れるな」ということなんでしょう。

ロバート　ケントさんはテレビに出ているので、顔がよく知られていますから。

ケント　そう。こういうことが昔あったから、小西議員のこの件の言動にも「当たり屋」と同じ発想ではないかという疑いを持っているのです。自分を批判したのが自衛官だとわかった。これで大問題にできると思ったのかもしれません。小西議員の「炎上商法」的なツイッターを読んでいる人なら、私の意見に賛同すると思います。

ロバート　彼の発言と行動は野党全体のイメージダウンにもつながっています。

ズレた「文民統制」で大騒ぎ

ケント　この件で東京新聞に小西議員の発言が載っていました。

〈小西氏は国会でイラク派遣日報問題を連日取り上げていた。取材に「自衛官が国会議員に暴言を吐くとは空前絶後の大事件で身の毛がよだつ。河野統幕長は即刻辞任すべきだ」とした〉（東京新聞2018年4月18日）

そして同じ記事に、半藤一利氏の談話が掲載されていました。

〈何を考えているのか。一九三八年に衆院で国家総動員法の審議中、説明員の佐藤賢了（けんりょう）・陸軍中佐（当時）が、議員に「黙れ」と一喝した件があったが、当時を思わせる。国会議員は曲がりなりにも国民が選んだ選良で、それを敵だと言うのは選んだ国民を「敵だ」と言うのと同じこと。イラク派遣部隊の日報の問題を見ても、あるものをないと言ったり、首相や防衛相ら自衛隊を統制する側の文民も、される側の自衛官も、それぞれの自覚が無く、シビリアンコントロールや民主主義の形が分かっていないのではないか〉（同前）

さらに朝日新聞は社説でこう書きました。

〈政治が軍事に優越するシビリアンコントロール（文民統制）の原則からの逸脱は明らかだ〉（朝日新聞2018年4月19日）

そして当の小西議員は、その自衛官が訓戒処分になったことに関して、次のように述べたというんです。

〈「文民統制を否定する暴挙だという認識が、防衛省の最終報告からは読み取れない。絶対に許される行為ではなく、再発防止策をしっかり監督していきたい」と述べ、同省の対応を厳しく批判した〉（共同通信2018年5月8日）

とんでもない話だよ、文民統制に結び付けるって。この人たちは、「シビリアンコントロール」の意味をまったく理解していないと自白している。

ロバート　それは関係ない。

ケント　そう、まったく関係ない。文民統制（シビリアンコントロール）とは「自衛官は政治家に対して意見を言うな」ということではありません。職業軍人ではない文民が、軍隊に対する最終的な指揮権を持つことです。

小西議員と日本のメディアは、無知なのか意図的かは知らないけれど、それを曲解して、自衛官の「言論の自由」を弾圧しようとしている。それが私は許せない。

組織の人間として、自衛官がこのようなことを言うべきかどうかという問題は確かにあります。だけど、言われたほうがそれを大問題にするということはおかしい。ましてや「問題にしない」と言っておきながら問題にした。卑怯な嘘つきです。

ロバート　それはそのとおり。アメリカでこのようなことが仮にあったとしても、おそらく大きな問題にはなりません。ケントさんが言うように、「言論の自由」があるからです。

アメリカでは自分の政治思想や、支持する政党を、職場に持ち込んではいけないですよね。特に政府の組織の中では持ち込んではならないという建前があります。だから制服のままで議員に対して「暴言」を吐いたら、大変な問題になるかもしれませんが、一国民として言うのであれば、さほど大きな問題にはならない。

しかも、小西議員の言う文民統制が何かがわかりませんね。

ケント　小西議員は次のようにも述べています。

〈3佐は、安全保障関連法制を巡る小西氏の姿勢に反発したのが暴言の引き金だったとしている。小西氏は「防衛相に質問するのは、国会議員による究極の文民統制だ」と指摘。「それを否定する暴言だと認めなければ、自衛隊は成り立ち得ない」として、防衛相や統合幕僚長の辞任も求めた〉（共同通信2018年5月8日）

ロバート　この文脈で、彼の言う文民統制は？

ケント　意味がわからないよね（笑）。

ということで、小西議員のブログを読んでみたら、彼はこの件の最終報告が防衛省から出た時点でブログに上記のコメントのような内容を書いていました。そして最後に、次のように補足しています。

〈（参考）　憲法の議院内閣制の下、国会議員は野党議員も含め内閣に対する監督の権限を有する。この内閣への監督の中にシビリアンコントロール（文民統制）が含まれている。国会議員の国会質問、質問主意書などは全て、内閣監督の手段であり自衛隊に対するシビリアンコントロールの手段である〉（小西ひろゆき氏ブログ２０１８年5月8日）

軍人＝悪ではない

ケント　何をそんな、イライラしているのかと思います。小西議員の言う通り、議院内閣制なので、彼も参議院議員として内閣監督の責任を負うでしょう。いまの「素晴らしい憲法」には文民統制が謳われています。

元々は、憲法第９条２項で戦力を保有しないことになっていたので、日本は軍人の存在を前提とする文民条項は盛り込まないと主張し、ＧＨＱの了解を得ていました。しかし、その後の審議の途中で第９条第２項の頭に「前項の目的を達するため」という言葉が付け加えられました。「芦田修正」と言われますが、連合国の最高政策決定機関である極東委員会は、これにより今後日本が軍隊を保有しうると指摘して、最終的に憲法第66条が改正されて、文民条項「内閣総理大臣その他の国務大臣は、文民でなければならない」が設けられました。なお、政府は、１９６５（昭和40）年の衆議院予算委員会で自衛隊も「武力組織」である以上は、「自衛官は文民にあらず」と解釈を変更しています。

ただし、憲法の中でも「言論の自由」は絶対的なものなので、私としては、自衛官が職務外で個人的な意見を言ったところで、どこに問題があるのかと思っています。

ロバート　この件は自衛隊の中に野党に対するフラストレーションがあることを象徴しているかもしれません。民主党政権の3年半の間に、私は自衛官の方々と実際にお会いしてお話を伺いましたが、彼らは民主党の議員たちが自衛隊のことを知らなすぎることに困っていました。健全な文民統制とは、国会議員が自分たちの軍隊を知ること、軍事問題に通じることです。

私がこの件で提案したいのは、だったら自衛官に対する「言論の自由」をもっと保障すべきだということです。自衛隊は戦前の軍隊ではないし、暴走もしないので、より自由に発言することを認めるべきでしょう。

後に自衛隊は、幹部候補生への高等教育はするけれど、一般の自衛官にはアメリカほど勉強の機会が与えられていないという事例を挙げますが、これは日本版の文民統制の良くない部分です。文部科学省と防衛省は必ずしもいい関係ではないでしょう。

つまり自衛官が何も要求できない状況がある。文句は言えないし、批判もできない。行き過ぎた文民統制があって、日本では問題が複雑に絡み合っています。

私は何年もかけて、本を出すつもりで自衛隊法を英訳してきました。そうして自衛隊法を見ていると、日本は自衛隊が存分に仕事ができるようにするのではなく、どんどんどんどん統制し、抑圧していることがわかります。だから自衛官がサラリーマン化していきます。これは悲しいものがありますね。

しかも日本の文民統制は、もはやアメリカの文民統制より、ちょっと進んでいて、より厳しい側面があります。例えば、議会の事前承認などはアメリカにはありませんからね。

ケント　アメリカでは軍の投入に際し、大統領と連邦議会が共同で判断することが求められているけれども、絶対ではありませんね。

もちろん大統領は軍を投入した場合、48時間以内に議会に報告書を提出する義務があり、報告書提出から60日以内に議会の承認が得られない場合は軍事行動を停止しなければなりません。それも、必要な場合は90日以内まで延長が可能ですが。

つまり、大統領が最高司令官だから、その決定に従えばいい。アメリカでは議会は大統領の「上司」ではないのです。でも、日本も最高司令官は総理大臣ですよね。

ロバート　そうですが、日本の場合は、国会のほうが上だという感じがします。憲法上、実際にそうなっています。自衛隊に防衛出動を命じるときには、原則として国会の事前承認が必要ですから。

ケント　さっきも言ったように、アメリカの場合も、一応、軍を投入する場合は議会と共同で大統領が判断するようにということだけど、現実問題、そうはしていないね。

ロバート　日本は原則として事前承認。だからアメリカは日本ほど文民統制が厳しくないんですよ。

アメリカの文民統制

ケント　アメリカで文民統制、シビリアンコントロールと言われてイメージするのは、国防長官が現役の軍人であってはいけないということですね。

ロバート　国防長官は民間から起用されます。

ケント　でも、リタイアした軍人はいいんです。だからジェームズ・マティス（現国防長官）も元軍人。米軍で中東地域を統括する中央軍司令官も務めた、退役海兵隊大将です。

ロバート　ただし、文民統制の観点から退役後7年間は軍人が国防長官に就けない。だからマティス国防長官の就任に際して、米議会はこの規定を免除するための立法措置をとりました。

元軍人が国防長官になっても全然問題ないわけですが、現役の軍人はトップになれない。それがアメリカの文民統制。

ケント　そもそも軍人が悪いことをするという前提でシビリアンコントロールがあるわけじゃないからね。

ロバート　はい、その通りです。

ケント　要はシビリアンコントロールとは、経営学でいうとガバナンスの問題です。「意思決定は誰がするのか？」ということ。例えば、私の会社は代表取締役が二人いるんだけど、印鑑を持つ人と通帳を持つ人は別々にしています。不正ができないようにそうしているんですが、シビリアンコントロールも軍が暴走しないように、軍人を国防長官にしない制度というだけの話。日本では、そこに本来は存在しない余計な意味をたくさんくっつけて、自衛隊を動きにくくしようとしている。

アメリカには実は軍歴を持たない大統領は、あまりいませんね。クリントン、オバマ、トランプ大統領は軍歴なしですが、あとはみんな軍歴があります。

ロバート　ブッシュ・ジュニアは州軍でした。

アメリカの野党が軍を貶めることはあり得ません。自国を守る組織を貶めるのは自殺行為に等しいからです。ですからアメリカでは安全保障問題では、与党も野党もないわけですが、なぜか日本では野党は安全保障の議論が一切できませんね。

ケント　日本で二大政党制が実現できるかどうかについて、インターネット番組の『虎ノ門ニュース』で評論家の石平さんと話したんです。でも二大政党制であれば、「国を守る」ということについて、両方の政党が同意していないといけないでしょ。でも、日本はそれがない。野党は安全保障の議論をまともにしない。モリカケばかりです。

そんな「日本を守らない政党」を、まともな野党としては認められないわけですよ。そう考えると、日本にはまともな野党がほとんど存在しないことになるんです。

アメリカの民主党は確かにバカな議員や支持者も多いけど（笑）、国は守ります。

私がロスの空港で体験した先ほどのエピソードで言えば、空港で軍人に敬意を払った人たちの中には、おそらく民主党支持者も半分ぐらいはいたと思うんです。比率的にそうですからね。でも、その人たちも軍人に対しては、「どうぞ、どうぞ」と言ってました。それについてはアメリカではガッチリ一致しています。

「国庫は血」

ロバート　じゃあ、日本の野党は誰を守ろうとしているの？　まさか中国や北朝鮮ですか？

ケント　いちばん守りたいのは自分の議席と利権。あとはおっしゃるとおり、外国かもしれない。確かに外国を守りたいのではないかと思える政治家は多いです。

実は昔からの知人なんだけど、鳩山由紀夫元総理を見てください。韓国に行って土下座したんですからね。私もその後、鳩山氏が土下座をしたソウル市内の西大門刑務所の跡地に行ったんですよ。それで案内の人に「ここは鳩山さんが土下座したところですよね」と言ったら、「あれは土下座じゃないですよ」と案内の人が言ったんですけど、あれはどう見たって土下座だよ（笑）。

ロバート　日本ではなぜ野党は安全保障の話ができないか、国会で安全保障の話ができないかというと、国会議員の中に軍出身者が少ないからではないでしょうか。自衛隊発足から64年経つわけですが、自衛官出身で国会議員になった人は私が数えたところ10名以下しかいません。国会議員総数約700人のうちの10人ではなく、700人×64年のうちの10人なのですよ。こうなってくると限られた軍事知識での議論しかできません。

アメリカでは毎年、議会にものすごい数の軍出身者や関係者がいます。

ケント　軍歴がある人は、政治への関心が高いから、決して悪いことじゃない。

ロバート　そう。なぜ関心が高いかというと、まず税金の使い方などについて組織の中から見ていたからです。そして外交政策、安全保障政策についても軍出身者にとっては切実な問題なのです。なぜなら自分自身はもちろんのこと、自分の友達や上司、部下が、場合によっては戦死したかもしれませんからね。

アメリカの場合は血も財産だと考えます。お金だけではなく「流した血が財産」。「ナショナル・トレジャーはブラッド」と言いますね。

ケント　「国庫は血」だと、そう言いますよね。日本では血税と言うけれど。

ロバート　だからそもそも軍人のほうが戦争をしたくないんです。

ケント　その通り。日本では軍人が戦争をしたがるものだと思っている人が多いようだけど、バカな考えだよ（笑）。戦場では部下や自分が死ぬんだから、軍人は戦争なんてしたくない。とても簡単なことなのに、バカだからわからない。

ロバート　日本は70年間も実戦経験がないので、実戦の現実もわからないし、自衛官が、あえて言えば軍人が、戦争を知らないということもあります。そして一般国民は軍人を知らない。だから非常に軍人や戦争が国民から遠い存在になっている。

先の戦争における戦没者の遺骨収集にしても、日本政府はこれまであまり積極的に取り組んでおらず、遺族に不安と不満を与えてきました。日本政府は国家、国民を本当に大切にしているのか、疑問に思います。２０１８年６月に行われた米朝首脳会談でも遺骨返還が合意事項に入ったように、国のために戦った戦没者の遺骨収集は国家として重要なことです。７月27日には北朝鮮は朝鮮戦争で戦死した米兵の遺骨、約55柱分をアメリカに返還しました。

現在、技術が進んで、日本人の遺骨は、同じ場所で亡くなった米兵の遺骨などとＤＮＡ鑑定で区別ができます。アメリカも日本と積極的に協力関係をつくろうとしていますので、いまのうちに解決しましょう。

ケント　そうですね。真珠湾攻撃を計画して成功させた山本五十六連合艦隊司令長官だって、本当は戦争なんてやりたくなかった。やらざるを得ない状況になってしまったんです。誰も戦争なんてしたくありません。

アメリカ人は戦争が大嫌い

ロバート　どうも世界中から誤解されているようですが、アメリカ人だって原則としては戦争が大嫌いですしね。

ケント　ベトナム戦争のときには、反戦デモがありましたね。でもあれは泥沼化してしまったからで、基本的に国民は選挙を通じて意思表示をします。それを恐れて、トルーマン大統領は朝鮮戦争を途中でやめました。アメリカの世論は朝鮮戦争をこれ以上続けることを許さないという空気を感じ取って、彼は戦争をやめました。

ロバート　アメリカには戦争に反対している3種類のグループがおそらくあります。1つ目は戦争は税金の無駄遣いだという人たち。国内に問題が山積しているからです。

ケント　国内問題を優先すべきだということですね。

ロバート　はい。もう1つは、すべての戦争はダメという人たち。

ケント　不戦主義者。

ロバート　そう。３つ目が、紛争や他国に介入していいのかと考える慎重論者。少なくともその３つのグループがいます。

ケント　その通りですが、でも不戦主義者は、日本と比べると少ないですね。

日本は不戦主義者がすごく多い。「戦争反対」を声高に叫ぶ人のほぼ全員が不戦主義者といっても過言じゃない。最終章で説明しますが、それを日本では言い換えて「平和主義者」と言っています。彼らは必ず「対話しろ」という。「対話じゃ解決しない問題」が世の中には必ず存在するという現実は、いつも無視するんです。そして、「戦争反対」を叫ぶ中に、暴力に訴える連中がかなり含まれている。

ロバート　アメリカでは、逆に経済制裁や軍事的な「介入しかない」というような世論をつくるメディア、研究所が多くあるように思います。ですから、それ以外の選択肢について議論することが、非常に少ないように思いますね。

例えば、トランプ大統領と北朝鮮の金正恩委員長との会談が決まる前の話ですが、北朝鮮への対応で「対話」の選択肢について発言する人は、アメリカではあまり紹介されなかったように思います。ほとんどが制裁か攻撃。

もちろんアメリカでも「対話」の選択肢を紹介するメディアがあることはあるのですが、ネット番組が中心で、だいたいは不人気です。

また、強硬なことを言って注目されたい政治家はやっぱりいます。

ケント　それは確かにあるね。

ロバート　強硬なことを言う政治家は野党に多いんですよね。なぜなら大統領について「弱い大統領」というイメージをつくって、批判するためです。例えばヒラリー・クリントンがシリア問題で、「もっと空爆すべきだった」などとトランプ大統領を批判するわけです。

ケント　それは単なる政治的なパフォーマンスと解釈していいですか？

ロバート　そう。そして実はアメリカの民主党政権こそ、介入主義の戦争が多いのです。アメリカの民主党はリベラルなイメージがあります。しかし、民主党のオバマ政権の間に、アメリカの戦争は拡大しましたし、60年代のジョンソン政権ではベトナム戦争が拡大しました。

アメリカ国民は戦争による紛争解決を支持する

ケント　基本的にアメリカが日本と大きく違うのは、国民が戦争という手段による紛争解決を支持するということですね。

１９９１年の湾岸戦争のとき、これは正義の戦争なのだとアメリカ国民はみんな思っていました。私も思っていたんです。戦争の終わり方がヘタでしたが、大した犠牲を払わずに、クウェートからイラク軍を追い払うという目的を達成できました。戦争をするなら、そういう戦争でなければならないと思います。だいいち、湾岸戦争を指揮したコリン・パウエル統合参謀本部議長の方針に沿っていました。

ロバート　パウエル氏はパパ・ブッシュ政権で湾岸戦争を指揮した軍人ですが、後にブッシュ（子）政権で国務長官も務めました。

ケント　そう。その彼が統合参謀本部議長のときに掲げた基本方針は「パウエル・ドクトリン」として有名です。

「軍事介入は、アメリカの安全への脅威が明白で国民の支持があるときのみ、最後の手段として行う」「いざ軍事力を行使する際には、戦略目標を明確にして圧倒的な兵力を投入する」というもの。いわば戦争の条件です。

ロバート　でも、2003年のイラク戦争では、その後が悪かったと思います。圧倒的兵力でイラクを攻撃し、国を破壊したら、その後のイラク再建が必要です。それにアメリカは責任をもって対応しなければならなかった。

ケント　アメリカは戦後の責任を取らなかったわけですね。だからイラクは混乱に陥った。その後、オバマ政権のときにイラク国内を安定させずに米軍が全面撤退し、空白が生じて、ISISができてしまいました。出口（戦争の終わり方）をきちんと計算していなかった。急いでしまったと思います。それにイラク戦争は急いでやる必要もなかったと思う。

ロバート　私は支持派でした。その理由は、国連の議論が永遠に終わらないだろうと思ったからです。イラクにおけるフランス、ロシア、中国など各国のいろんな利権があり、国連安全保障理事会においてアメリカやイギリスと対立していました。その対立は長く続くと私は思ったんです。ですから、早くに軍事力を行使することには支持したんです。でも、戦後の計画がないままに侵攻したのには、驚きました。

ケント　いや、実は戦後計画があったんだけど、文章が長すぎて誰も読まなかった。

しかも、それは日本に対する占領計画を真似たものだったらしい。

ロバート　そうでしたね。でも、そもそも根本的にイラクと日本とは違うので占領計画はなかったに等しいのです。

ケント　イラクと日本を同じように考えた時点で間違っていますね。イラクには天皇陛下がいないのだから、日本と同じようにはいきません。恐怖政治で国民を押さえつけていたフセイン大統領に、日本の天皇陛下の真似はできませんよ。

日本は天皇陛下を中心にまとまる国です。日本の天皇は権力ではなく、権威的な存在として国民の崇敬を集めてきました。日本は長い歴史のなかで、権力者から民衆まで、すべての人たちの権威や誇りの源泉を天皇に求めてきたのです。ですから終戦の前後に日本人が国体護持に非常に一所懸命になったのは少し理解できる気がします。

ジョセフ・グルー元駐日大使は天皇を女王蜂にたとえて、「もし、群れから女王蜂を取り除けば、巣全体が崩壊するであろう」と表現しました。天皇は戦後日本の「唯一の安定」要因であるから、維持すべきだと主張したのです。

いま振り返れば、まさにその通りだと思います。

大義のための軍事力行使は名誉

ロバート　話を戻すと、アメリカ国民はつまり、戦争そのものをしたくないというより、賢くない戦争はしたくないということだと思います。明確な脅威があって、明確な正義のためだったら、基本的にアメリカ国民は戦争を支持する。

ケント　戦争には大義が必要なんです。

ロバート　家族や友人など、周囲に軍人が普通にいて、彼らが戦場で死ぬ可能性もありますが、それでも大義さえあれば、アメリカ国民は戦争を支持しますね。

ケント　アメリカ国民は米軍という存在に対して誇りを持っているから、戦争を支持するとも言えます。大義のために軍事力を行使することは名誉であると考えます。だから軍人は国民のあいだで尊敬されているのです。

逆に言えば、世界一の軍隊に対する自信と、任務に対する責任感と、国民からの尊敬。この3つの柱があって、軍人は日々の仕事をしていますね。

でも、最近、戦争があまりにも長い。アフガニスタン戦争なんて、17年も続いているわけです。

ロバート　そしてほとんど成果がない。だから今後は、戦争に対する不信がわくかもしれませんね。不戦ではなく不信。

ケント　私は先ほどのパウエルの戦争の条件の中に、もうひとつ付け加えるべきだと思っています。宗教紛争には介入しないということです。宗教紛争に介入すると、紛争当事者両方の敵になる。絶対にいいことはないんですよ。

シリアはそれなんです。だからシリアには本当は介入したくないんですが、ISISができてしまったから、それを潰すために入りました。人道的な問題もあったりしますので、その場合はやむを得ないんです。でも、基本的に宗教の要素が強い戦争には、介入しないほうがいいと私自身は思っています。どうですか？

ロバート　おっしゃるとおり。

ケント　中近東の問題は、歴史を数千年も遡るものだから大変ですよ。十二支族が神からイスラエルを与えられたところまで遡る話になる。

ロバート　でも、ある意味では、もうずっと前からアメリカは介入してしまっていますよ。アメリカは常にイスラエル側に立っているのですからね。それでいま微妙な均衡状態になっています。この状況からもしアメリカが完全に引いたら、中近東の均衡が崩れるという心配は以前からあります。

国防予算の増額と大減税

ケント　いま述べてきたように、アメリカでは長く戦争が続いていますし、トランプ大統領もシリアで強硬策を実行しましたが、大した批判はありません。

ロバート　民主党も同じことをやってきたからですね。２０１９会計年度の国防予算は、戦費も含めて総額で７１６０億ドル（約80兆円）と大きなものになりました。学者や一部の評論家が多少批判したところで、大した政治力にはなりません。

ケント　しかし、現実問題として、防衛費を増額する、あるいは戦争を長期間継続するなら、その原資を調達しなければならないですよね。

ベトナム戦争のときは、ジョンソン政権がなかなか増税をしなかったんです。だから、財政状態がすごく悪くなった。戦争をするなら、増税しないといけないはずです。

だけど、なかなか増税はできないですよね。選挙に負けるから。だから最近は借金を増やすだけ。アフガニスタン戦争も、ものすごくお金が掛かっているものね。税金を引き上げたほうがいいと思う？

ロバート　歴史がそう語っていますね。

ケント　だいたいアメリカはいま、いくつ戦争やっているの？　という話ですよ。

ロバート　アフガンだけでなく、イラクもまだかかわっています。それからシリア。さらにナイジェリアを拠点とするＩＳの傘下組織、ボコ・ハラム掃討。イエメンでもＩＳの訓練施設を空爆しました。リビアも完全には引き上げないと思います。

ケント　そこに北朝鮮問題。

ロバート　そう。にもかかわらず、トランプ大統領は大型減税を実施しています。だから政府は税収が足りないはず。

ケント　すごい大減税です。アメリカ議会の予算局（ＣＢＯ）は２０１８会計年度の財政赤字が、前年度比20・９％増の８０４０億ドル（約86兆円）に急拡大すると発表しました。

この赤字を経済成長で補おうとしているんです。果たして本当にできるかどうか。これはギャンブルですよ。

ロバート　ただし、トランプ大統領は、政府予算の比率をシフトしようとしています。社会保障費を軍事費に振り分けたりしています。でも、おそらく結論としては、国債がまた増える。

ケント　増えるでしょう。日本と違って、アメリカの国債は大部分を、外国人が持っていますからね。日本の国債は日本人が持っているから、プラスマイナスゼロですが、アメリカの場合はそうではない。戦争すると景気がよくなると言うけれども……。

ロバート　第二次世界大戦はそうでしたね。

ケント　私はいまの時代は、戦争で景気はよくならないと思いますよ。さっきも増税の件を言いましたが、逆に国内が圧迫されると思います。例えばインフラへの投資が後回しにされます。アメリカの道路や橋なんかはボロボロですよね。戦争をするとそれを修復するお金がなくなる。ボロボロで電力網も危ない状態です。

ロバート　他にも、例えば戦争をすると、軍人に対する医療ケア、精神のケアなどの問題が出てきます。どんどん問題が広がっていく。いまは戦争が長くなっているので特にそういう問題が出ています。ずっと戦争が尾を引く。

ケント　だから北朝鮮に対して、軍事攻撃をしてもいいと思っている人たちは、ドーンとやって終わりということを考えています。それであるならば賛成します。泥沼化して、3年も4年も北朝鮮に軍隊が入るということは誰も想定していませんね。

ロバート　北朝鮮への軍事攻撃がもしあった場合はすぐ終わるでしょうが、問題は、戦後処理が長くなるだろうということです。そうすると、いまより悪い状態になるかもしれない。なぜなら戦後処理が長引けば、必然的に中国の朝鮮半島における影響力が拡大するからです。戦争中、日本、韓国などの国々への被害は相当にあると思いますので、武力行使は慎重にしなければならないと思います。

ケント　出口が見えない戦争はダメで、やるなら短期決戦にしないといけない。でも、アメリカ国民は正義の戦争であれば支持する。そこが日本とまったく違います。

第2章

戦い続ける国と戦わなくなった国

国防の観点から人口減少を見ていない

ロバート　「日本の人口減少の問題と自衛隊」という拙論を２０１７年末、アジア研究の学会誌に発表しました。日本の研究会などでこの論文の内容を話すと、「なぜ自衛隊の定員が足りないのか」「なぜ自衛隊に入隊してくれないのか」という話になります。ある勉強会で自衛隊のＯＢの方々が、それぞれの経験をお話しされたりしましたが、ぜひこの問題を「外圧」で多くの国民の皆さんに知らせて欲しいと切実に言われました。

ケント　「外圧」というのは、つまり、アメリカ人である我々「黒船」の出番ということですね（笑）。

ロバート　良い黒船です（笑）。だから在日アメリカ人として、ケントさんにこの問題を一緒に考えてもらいたいのです。

いま、日本は人口の減少が問題になっていますね。でも、人口減少問題は経済や地方消滅の観点などからは語られますが、なぜか安全保障、自衛隊の観点からは語られていません。

ケント　やはり日本は、国防に対する意識が薄いですね。

ロバート　これは国防にとってものすごく重要なことなのです。人口が減少して、兵力が足りなくなるのは国家の重大問題で、日本は本当に危機的な状況にあります。『防衛白書』でもこの問題は「深刻だ」という表現はしていますが、打ち出している対策は、例えば女性の自衛官を増やすというようなものです。

ケント　子育てをしながら活躍できるようにするために、託児施設を開設したりしているようですけれども、これを全国につくるのは大変でしょう。

ロバート　しかも、その対策は根本的な解決策にならないばかりか、逆効果になると思いますね。

ほかの分野でもそうですが、女性が働きやすい社会をつくっても、日本ではそれが結婚や出産に即、つながるわけではありません。働きながら子育てができるという女性の選択肢が増えるのはよいことですが、日本社会において、それが人口減少、少子化の問題解決になりますか？　同じように、女性の自衛官を増やしても、それは解決策にはなりません。

ケント　米軍には女性がたくさんいますけど。

ロバート　そもそもアメリカには、日本のような人口減少問題がいまのところありませんので、比較できませんが、海兵隊は任務がとてもきついので、やはり他の陸海空軍と比べて女性はいちばん少ないです。

ケント　アメリカは多少、人口が減少しているという話もありますが、日本のような大問題ではありませんね。

ロバート　はい。欧米の軍では、女性はどの程度の割合かというと、だいたい11％から15％くらいです。だから自衛隊では、女性の割合を現在の6・1％から2030年までに9％以上にするという目標を立てています。そのために、女性が働きやすいように制服を変えたり、妊婦用の制服をつくったり、基地の中に保育所を設けたり、あるいは昇進の可能性を広げるなどの環境を整えようとしています。さらに、女性の自衛官に禁止されている仕事の度合いを小さくしていっている。例えば、女性も潜水艦に乗ることができたり女性であっても放射線が出るものの近くに行く部隊に入ることができたりするというようなことです。

でもこのような日本のやり方は、先ほども言いましたが、ほかの社会の分野を見ても無意味もしくは逆効果でしょう。いわば女性の活躍の場を増やす対策でしかなく、人口減少の解決策にはなりませんからね。

自衛官の数を当面、確保する目的のためなら、女性を増やせばいいかもしれませんが、根本的な解決にはならないのです。人口減少にどう対応するかという根本的な問題は放置しているということです。

自衛隊OBの方々は、自衛官の募集は大変だという認識を共有しています。にもかかわらず、日本はなぜ国防という観点から人口問題を見ることができないのかと言えば、それはやはり、日本国民に愛国心が足りないからではないでしょうか。

愛国心があり、国家を守るという意思があれば、自衛隊の定員割れの状態も、人口減少問題も、国家にとっての大問題だとわかるはずです。

ケント そこも日本が「普通の国」ではない証拠ですね。

「想定外」の人口減少

ロバート 日本政府、特に防衛省による自衛官募集の対策はいくつかあります。例えば『防衛白書』（平成29年版）は次のように書いています。

〈学校説明会などに加え、全国50か所に自衛隊地方協力本部を置き、学校関係者の理解と募集相談員などの協力を得ながら、志願者個々のニーズに対応できるようにしている。また、地方公共団体は、募集期間などの告示や広報宣伝など、自衛官及び自衛官候補生の募集に関する事務の一部を行っており、防衛省はその経費を地方公共団体に配分している〉

他に人事制度や隊員の処遇を見直したり、福利厚生を充実させたりという環境整備も行っています。また、防衛省は自衛官の採用年齢の上限を現行の26歳から32歳に引き上げる方針だという報道がありました。18年10月から施行予定だということです。

しかし、現在でも定員割れしているのですから、それでは対策として足りないのです。論文でいくつかの対策を私は提案しましたが、それらをシミュレーションしても、完全な解決策とは言えないというのが結論です。対策が解決策にならない理由も一緒に挙げてみますね。

（1）自衛官の給料を上げる（財政をどうする？）
（2）現状の人員で適材適所を徹底する（効果は限定的）
（3）定年を引き上げる（組織が高齢化する）
（4）リクルートの条件を緩和する（質が下がる）
（5）予備役を増やす（しかし、予備役はそれほど質がよいわけではない）

(6)ロボットやドローンを増やす(他の民間企業とIT人材の取り合いに)
(7)女性を増やす(身体的な限界という懸念がある)
(8)海外貢献を減らす(日本の国際的地位を下げる)
(9)米国による安全保障を増やす(米国に対する義務も増える)
(10)他国との集団安全保障を強める(憲法9条の改正が必要)
(11)最低限の核武装に踏み切る(人道的な名声を下げる)
(12)徴兵制を導入する(改憲が必要)
(13)傭兵を雇う(忠誠心に疑問)
(14)米国との連携を含め既存の体制を再構築する

それぞれ一筋縄ではいかないので、複数の解決策を同時に導入しなければ、この自衛隊にとっての人口減少問題、自衛官の募集や兵力の維持は解決の道筋が見えないという、相当にひどい状況なのです。

恐ろしい話を2つします。

ケント　聞くのが怖いね。

ロバート　1つは、日本社会の人口減少に関する問題です。未来の人口を想定する場合、例えば９つのモデルを使ってシミュレーションすることができます。出生率が高い場合、普通の場合、そして低い場合。死亡率が高い場合、普通の場合、低い場合。それらを組み合わせることによって、９つの未来の人口の状況が算出できます。その９つの数字はそれぞれ違いますが、ひとつの枠組みの中にある数字と考えていい。問題は、その枠組みの外の現象です。つまり、「想定外」の事態が恐ろしいのです。

30年後、もし急激な人口減少が起こった場合、いわゆる専門家たちは「想定外」だと絶対に言いますよ（笑）。

ケント　「想定外」は便利な言葉ですからね（笑）。

ロバート　よく使われますね。東日本大震災のときも「想定外」という言葉を専門家が使いましたが、私はあの震災の５年前に日本だけで対応できない大災害を想定し、在日米軍の活用について論文で発表しています。「想定内」でなければならないのです。

先ほどの９つの人口モデル外で起こるけれども、十分に「想定内」である問題があります。例えば、人口減少がある一定のレベルまでいくと、若い人たちが日本の未来に絶望し、海外に出て行ってしまう可能性が十分に考えられる。

ケント　負のスパイラルが起こるわけですね。いまでもアメリカでチャレンジしようと考える有能な日本人がいますが、それがもっと多くなると。

ロバート　はい。次に起こる〝戦争〟は、よい人材を確保するための競争になると言われています。国境を越え、よい人材の確保をめぐって争う時代になりつつあると思います。そのくらい大きな問題です。当然、能力のある日本人の若者は、各国が欲しい人材ですから、どんどん海外に引っ張っていかれると思います。

日本人の若い人にしても、存分に仕事ができ、楽しく生活でき、将来に対して不安がない社会に移動するほうがいいと考える人も出てきます。そういう人が増えると、どんどん拍車がかかって、同じような人が増えます。

ですから、先に挙げたような9つのシナリオでは甘い。科学的に算出した数字だけでなく、心理的な影響も考慮しなくてはなりません。日本の人口減少問題は、まるで波のように押し寄せていると言われますが、私は「津波」のようになりかねないと心配しています。

戦争での負傷者数も「想定外」

ケント　２つ目の怖い話とは？

ロバート　先ほども言ったように日本の人口減少のために自衛隊にも人が集まらないと思われがちですが、実は自衛隊はずっと人が足りないということです。

ケント　例えば『防衛白書』によれば、18歳から26歳の募集対象人口は、平成６年度で約１７００万人。それが平成28年度では約１１００万人に減っています。対象となる分母が減っているから、自衛官が集まらないのだと思ってしまいますね。

ロバート　しかし、そもそも自衛隊ができてから60年間以上、ほとんどの期間で兵力は維持できていないのです。常にだいたい１割から２割、隊員数が足りません。

もちろん経済が良ければ良いほど、民間企業と競争せざるを得なくなるので人材確保が難しくなり、隊員数は足りません。戦後、様々な理由で、自衛隊の充足率が１００％になったことはほとんどないのです。

ケント　『防衛白書』によれば、いま、陸上自衛隊は90・０％、海上自衛隊は92・９％、航空自衛隊は91・５％、統合幕僚監部等は91・１％、全体では90・８％の充足率ですからね（２０１7年3月末時点）。

そもそも常に定員割れしていたところに、さらに募集対象の人口が減っているということですから、大変状況は厳しいですね。どの分野でもそうですが、現員のうち、使える人材となるともっと少ない。

ロバート　さらに、日本は国防に関してズレていることがわかる怖い話をしましょう。

紛争が起こった場合、負傷者が出ます。ですから、「普通の国」ならば、隊員数の「維持」ではなく、「補完」をする必要もありますね。

ケント　そのとおり。補完できなければ、どんどん人数が減ってしまって、最後まで戦えませんね。

ロバート　戦後、日本は一度も戦争を経験していないので、当然、戦争による負傷者も出ていませんが、もし「普通の国」になり、将来、紛争があれば、当然ながら自衛官がたくさん亡くなる可能性があります。では、その後はどうするのかということが、まったく議論されていない。

これこそが「平和ボケの国」ならぬ「平和バカ」の最たるものだと思います。

ケント　だから「普通の国」になるには、平時に必要な人数よりも、さらに多くの人数を確保しておかなければならないわけですね。アメリカの場合は、州兵（ナショナル・ガード）はいるし、予備役も多い。日本の予備役はどうですか？

ロバート　非常に少ないと思います。予備役には、即応予備自衛官、予備自衛官、予備自衛官補の3つの種類があります。即応予備自衛官は、現職自衛官と共に第一線の任務につく即戦力で、8075人（2017年3月末）。予備自衛官は、駐屯地の警備や通訳・補給などの後方支援任務につくスタッフとして使える人材で、4万7900人（同前）です。予備自衛官補は、教育訓練を行う間の名称で、一般の予備自衛官になるコースと専門分野の技能を活かすコースにわかれています。

ですから、例えばアメリカの州兵のように、すぐ使える人が多くいるわけではありません。そもそも、予備自衛官制度は、おそらく少し広報的なニュアンスもあると思います。

ケント　予備自衛官補の採用制度については、〈国民に広く自衛隊に接する機会を設け、防衛基盤の育成・拡大を図るとの視点に立って〉いる、と防衛省のサイトに書いてありますからね。

ロバート　さらにその中には、怪我人やお年寄りなど、すぐ戦闘に行けるわけではない人もいますから。

移民を兵隊にできるアメリカ

ケント　ちなみにアメリカの兵力は、陸軍だけで約47・6万人。

ロバート　つまり自衛隊全体の倍です。

ケント　総兵力は約129・9万人です（2018年4月末時点）。

ロバート　アメリカがどうやって兵力を集めているかについて少しお話ししましょう。アメリカでは移民が軍隊に入っていますね。

ケント　日本人は移民を兵隊にすることをイメージできないようですが、でも考えてみれば傭兵は世界中に存在していますよね。

ロバート　移民が軍隊に入るためには、アメリカでも様々な条件があります。

ケント　でも米軍に入るのに市民権、つまり米国籍は要りません。

ロバート　そうですね。先日、アイルランドに行き、親戚に会いました。初めて会った親戚はアイルランド国籍ですが、彼らの中で米軍に勤めたことのある人は少なくありませんでした。彼らは第二次世界大戦、ベトナム戦争に米軍として参加しています。

このように、市民権を持っていなくても軍隊に入ることができますが、それは合法的に入国し、永住権を持っている人に限定されています。そして他の入隊者のように、厳しいバックグラウンドチェックを受けます。なお、機密関係の仕事にたずさわると、チェックが一層厳格になります。そして将校になるためには、やはり市民権を得る必要があります。

このようにしてアメリカは移民を軍隊に入れるわけですが、しかし例えば１００人の部隊で、99名が外国人だったら、それはやはり軍隊として機能させるのは難しいので、そういうことはあり得ません。

ケント　それはないね。でも軍隊に入ると、市民権を取りやすくなるのです。だからアメリカ人になりたければ、メキシコとのあいだの壁を登るんじゃなくて、軍隊に入ればいい。

ロバート　「Path to citizenship」と言ったりしますね。

ケント　そう。「市民権への道」と言う。

ロバート　本人の努力次第ですが、軍隊に入った場合、早ければ３カ月で市民権を獲得できるそうです。

ところで、移民を軍隊に入れるといっても、当然ながらアメリカはルールをしっかりつくっています。もちろん公用語は英語です。秘密保護や情報管理、文書管理は徹底しています。組織の中にいろんなチェック機能もあります。疑問が出てきたら、憲兵か監察官に報告が行くことになります。不注意のレベルであっても、1回でも何かあった場合、すぐに処罰されます。例えば、ある機密文書が、誰でも見られるところに置いてあったら、それは処罰対象。

ケント　コンピュータの画面を開けたまま、昼食に行ったとかもダメですね。

ロバート　そう。当然ダメです。そもそもそういうものを見る場所は、特別な部屋です。そして、特別な資格のある人しか見ることができません。

ケント　セキュリティ・クリアランスというのがありますからね。

ロバート　そう。厳格なルールがあり、そのルールを守っていれば問題ないですね。

ケント　トップシークレット、シークレット、コンフィデンシャルと階層によって権限が異なるわけで、そのルールを厳格にしています。

ロバート　例えば米軍の中で、「取扱注意」や「秘密」の情報は日本人に見せてもよいというような、そういうルールもあります。同盟国ですから情報を共有することができるというわけです。ただし、同盟国の中にもランキングがあります。秘密保護がきちんとできる国と、そうではない国、それによって何をどれくらい見せられるかが決まります。

アメリカでは軍隊に入れば就職できた

ケント　それからアメリカでは、なかなか就職できないような人が軍人になるということがあります。つまり軍隊に入るときちんと訓練や教育されるから、除隊後は就職できる。また、経済的に苦しい人も最終手段として軍隊を活用できます。でも日本ではそういう意識がほとんどないでしょう。

陸上自衛隊高等工科学校や防衛大学校は学費免除で、毎月学生手当として給与が支給されますが、それが一般的に知られていないように感じます。日本の社会で積極的に活用されていないように思いますね。

ロバート　防衛大学校（防大）の学生は、毎月11万4300円（平成30年4月現在）が支給され、年2回（6月、12月）のボーナスで年約37万7190円が支給されます。防衛大学校の学生はすでに自衛隊員で、学業、訓練に専念することが仕事です。自分の都合で動けないので、一般の学生とはまったく違います。特別職国家公務員だから様々な義務が生じます。甘くはないですが、人間的に鍛えられます。

ケント　防大の学生の任官拒否が問題になったりしていますね。

ロバート　２０１８年３月の任官拒否者は38人で、卒業生の８％弱。

ケント　国のお金で教育を受けて、任官するという約束を破っているわけだから非難されるのは当然です。私ならそういう人は絶対に雇いませんよ。義務や約束を守れない人は信用できないので、履歴書だけで門前払い。どんなに優秀な人材でもね。

アメリカの場合も、約束は当然あります。アメリカには予備役将校訓練課程（ＲＯＴＣ＝Reserve Officers' Training Corps）というものがあります。ＲＯＴＣは、米軍が将校の育成を目的として全米の大学で運営する訓練課程です。この訓練課程修了後、４年間の現役勤務、さらに４年間の予備役勤務などを約束するならば、４年分の奨学金を受けられるというシステムです。

ロバート　幹部候補生を育てるシステムで、大学内で例えば１週間に何回か、その授業を取ったり、週末には訓練をしたりします。

ラムズフェルド元国防長官や、パウエル元国務長官らもＲＯＴＣを修了し、入隊しましたよね。より最近の例を挙げると、拙著『トモダチ作戦』（集英社文庫）と『次の大震災に備えるために』（近代消防新書）で紹介していますが、私がもっとも尊敬している元海兵隊の大佐、アンドリュー・マックマニス氏（気仙沼市の大島作戦で有名になった第31海兵遠征部隊司令官）もＲＯＴＣ出身です。彼はペンシルバニア州立大学で石油と天然ガスの工学を勉強しながらのＲＯＴＣでした。

ケント　ＲＯＴＣでは、軍人になるのに必要な教育、訓練を受けられるし、技術も覚えます。だから軍に対する義務を果たせば、その後は一般社会でその能力を使うことができます。そのことがアメリカでは、国民に広く知られていますよね。

ロバート　日本にも任期制自衛官というシステムはあります。任用後、陸上自衛官は1年9カ月、海上・航空自衛官は2年9カ月の任期で勤務するシステムです。だから、日本でも若い元自衛官を民間の企業が欲しがるという話は聞いたことがあります。

ケント　それはそうでしょう。鍛え方が民間とは違うから。

ロバート　元軍人を民間企業が欲しがるのは日米両国で同じだと思います。自衛隊も再就職の斡旋はがんばっているし、それを自衛官になるひとつのメリットとして広報しています。でも、これは〝自殺行為〟とも言える。せっかく育てた人材が、すぐ退官する道をつくるのはもったいないとは思います。

ケント　それはそうだけど、自衛隊自体に魅力がないと良い人材が入隊しませんよ。それよりも、魅力的で一般企業からも欲しい人材だと言われるような教育を自衛隊で行っていることが、日本では国民にあまり知られていないことが問題だと思う。自衛官の募集については、テレビでほとんど取り上げられないでしょう？

ロバート　アメリカではテレビＣＭや雑誌広告もあるし、プロスポーツ、特にアメリカンフットボール、それから大学も協力的です。

ケント　ハーバード大学なんかは非協力的だけどね。ハーバードは、軍のリクルート活動をキャンパス内ではやらせない。でも、日本はアメリカと比較にならないくらい、社会全体が自衛官募集に非協力的だよね。

　ところで、アメリカもいまは軍隊を縮小しているから、高校中退者は米軍に入りにくいという事情があります。

ロバート　冷戦が終わって、ものすごく兵力を縮小しましたから。優秀な人たちのみを、政府は選択するようになりました。

それまでは、ケントさんが言ったように、就職先が見つからない人や高等教育を受けていない人たち、あるいは若干の犯罪歴があったとしても、軍隊に入れるくらいの感じでした。刑務所より軍に入ったら？　というような、80年代にはそういうニュアンスもあったくらいです。しかし、80年代後半、レーガン時代から、軍に対する誇りをアメリカ人が持つようになった。そして、冷戦後に兵力を縮小したので、入隊の競争力はものすごく高まったという流れです。

ケント　兵器が複雑になってきたから、優秀な人でなければ扱えないという問題もありますよね。

ケント義弟は将校養成コースを活用

ケント　私の妹の夫、つまり義弟はROTCを利用したんですよ。そもそも義弟は天才だったので、大学でいちばん金額の大きい奨学金をもらっていました。

日本では奨学金は返さなければならないイメージがあるようですが、義弟がもらったのは返さなくていい奨学金です。ちなみに私も大学の学費を払ったことがありません。大学も大学院もすべて奨学金で行きましたし、その奨学金は返還する義務がありません。成績のよい人には奨学金をあげるシステムがアメリカには多くあるのです。良い人材に大学に来てもらうように、そういうシステムをつくっている。日本でも、そういうのがもっとあったほうがいいのにね。

ロバート 日本のものは奨学金とは呼べない。あくまでローンです。

ケント ただの学生ローンですね。

話を戻すと、私の場合は学費だけの奨学金で、教科書代や生活費として必要なお金は出ませんでした。でも、義弟の場合は教科書代はもちろん、生活費まで出してくれる奨学金でした。成績優秀だからいちばんいい奨学金をもらっていました。

それにもかかわらず、彼は敢えてROTCもフルに利用したのです。そうすると、そのお金ももらえます。

そのかわり大学生活が終わってから、8年間の兵役義務があって、彼はそのうち3年間くらいは沖縄にいました。陸軍で情報関係の仕事についていたと思います。

その後、彼がどうしたかというと、スペースシャトルやロケット、ミサイルなどをつくる会社に入りました。彼の専門は統計学なので、統計学者としてミサイルの会社に入ったわけです。

その彼が先日、会社をリタイアしたので「仕事はどうだったの？」と話を聞いたんです。すると、「もし自分が大学教授になって統計学を教えていたとしても、そんな仕事は大しておもしろくないんですよ。私は、大学教授の皆さんが机の上で考えている100倍もの統計学の問題を、仕事の現場で実際に扱ってきたんです。統計学の専門家の仕事としては最高でしたよ」と、こう言ったんです。

ロバート　お金がかからない人生(笑)。

ケント　天才だからね。彼はROTCを利用したことによって、軍隊に入ったときには将校なんです。最初から将校。ROTCは将校養成コースですからね。だから8年間、陸軍でも結構いい仕事をしたらしいですよ。

彼が沖縄にいるときに、私も遊びに行きましたが、彼は「象の檻」の中で働いていました。

ロバート　楚辺《そべ》通信所ですね。沖縄県の読谷村にあった在日米軍の大きなアンテナ施設がそう呼ばれました。もうなくなりましたけれども。

ケント　当時、さすがに職場の中は見せてもらえませんでした。

自衛隊に教育の機会を与えよ

ロバート　米軍と自衛隊とを比較した場合、入隊してからも違いがあります。大きな違いのひとつはやはり教育でしょう。自衛隊ではエリートしか高等教育を受けられないけれども、米軍は一般の軍人に対する教育の機会も、ものすごく平等に提供しています。例えば基地内に大学の出先機関が数多くあったり、通信教育の機会も提供しています。軍の中に奨学金制度もあります。それによって学力の向上や学位の取得が期待されています。

それから戦闘地域に行った人たちは特に、奨学金を使って勉強することができますし、自分の家族にその奨学金を回すことができる制度があります。

アメリカにはかつて「GI法」というものがありました。第二次世界大戦中の1944年1月に可決された米軍復員兵を支援するための法律です。これによって、何百万人もの復員兵が直面する住宅や仕事、教育問題に対処できるように、低利融資や失業保険の給付などの制度を整えました。このおかげで、多くの復員兵が無縁だったはずの大学に進学できました。

一方、日本の戦後についてはどうだったのでしょうか。日本政府は戦後、復員兵の対策に追われていました。戦時中、日本に復員兵についての政策があったかは知りませんが、なかったとしか感じられないほどの困難な状況でした。日本は戦前に戦後計画がなかっただけでなく、戦時中に、戦後計画もなかったのではないでしょうか。

ケント　アメリカでは、GI法はどの程度、利用されたのでしょうか？

ロバート　1947年には大学入学者の49%が復員兵だったという高い利用率です。制度終了の1956年までに大戦の復員兵の半数近い約800万人がGI法を利用して教育の機会を得ました。

ケント　すごい利用率ですね。

ロバート　そうなのです。2001年の同時多発テロの後の「不朽の自由作戦」「イラクの自由作戦」でも、「9・11後のGI法」とでも言うべき帰還兵支援があります。これには多くの予算が計上され、対象は帰還兵だけでなく、その家族にまで拡大されました。

私は海兵隊にいたので、この制度がどのような効果をもたらしたか間近で見ました。教育費のほとんどがカバーされるので、家計や退職後の心配をせず任務に専念できる点で大きな意味があったと思います。

ケント　教育を受けて学位を取ると、給料が上がる。そういう意味でも誰もが勉強をする必要が出てくるわけです。高校を出ていない人が軍隊に入ったら、高校卒業の資格を取ればいい。そうでもしないと、いつまでも下っ端の兵力にすぎないわけです。その後、大学卒業の資格を取ることもできる。アメリカでは、大学に行けるはずもなかった人たちが、軍隊に入ることによって、大学を出ることができます。

ロバート　そう。本当は能力はあるのに、何らかの理由で、高校、大学に進学できなかった人たちが、軍隊で勉強をするようになります。実はこうした人たちの中には軍の任期を終えると国家公務員になる人も少なくありません。

私は、日本も現役自衛官が教育支援を受けられるようにすればいいと思うのです。そんな制度をつくることで、先ほどから述べてきたような自衛隊の定員割れの問題をはじめ、次のようなことに効果が得られます。

（1）国のために献身する自衛官やその家族への尊敬の念を国民が表す「証」になる

（2）自衛隊入隊志望者のインセンティブになる

（3）ますます複雑化する装備や国際環境への対応に役立つ

（4）少子化の影響で危機に直面する地方大学を活用できる。自衛官は社会人経験のある学生として貢献もできる

（5）現役、退役隊員の大学への入学が、偏ったイデオロギーに侵された教育現場の「正常化」に役立つ可能性がある

ケント　なるほど。日本では文部科学省が、学費を出して中国人留学生を受け入れていますから、そういうお金を自衛官の教育に回せばいいわけですね。

ロバート　大賛成。シェイシェイ、ケントさん（笑）。

防衛大学校などの自衛官のための教育研究機関は、文部科学省の管轄下にありません。そのため、防衛大学校の先生たちは研究助成金などももらえず、学会からは相手にされていません。この状況を変える必要があります。そして、防衛省の教育環境を改善するチャンスは実はいまなのです。なぜなら文科省の林芳正大臣と防衛省の小野寺五典大臣とは同じ岸田派だからです。いまこそ縦割り行政をやめて、オールジャパンで考えてもらいたいと思います。

ケント　基本的にアメリカが軍人に手厚い教育をするのも、やはり軍人へのリスペクトがあるからです。日本も自衛官になる人を増やす、または自衛官を養成する制度や自衛官の教育にお金を使うとき、国民が彼らをリスペクトしているかどうかが非常に重要です。

ロバート　自衛隊のOBの方は、日本国民は自衛隊をリスペクトしていないと悲しそうに言っていました。その人はもう涙を流さんばかりに、それを私に訴えていたのです。

自衛官の募集に携わっている人たちは、非常に苦労しています。例えば快く協力する高校が非常に少ない。私立高校は公立高校より前向きですが、制度として協力的なのではなく、先生個人の考え方次第なのです。大学も非協力的で、自衛官が修士号を取れるところが少ない。あるいは現役の自衛官が教授になることはない。自衛隊出身で教授になった人は数えるほどしかいない。

ちなみに、私は何度か大学での講演をキャンセルされました。もっともひどいキャンセルは2010年の沖縄キリスト教学院大学で、教授会で私の講演を拒否されました。理由は軍関係者だからだそうです。また、名護にある名桜大学という公立大学も同じ理由で私の招待を取り消しました。このような対応は教育機関として非常識です。

ケント　これはもはや人権問題なんです。日本の左寄りの人たちは、自分たちの政治思想に基づいて、堂々と自衛官の人権を侵害しているわけです。でも、「人権派」と呼ばれる左翼弁護士は絶対に声を上げない。これは日本の大問題だと思うんです。

だから大学に対して、この問題を突きつけて、自衛官の人権を侵害しないようにもっと強く要請しないといけない。それでも非協力的だった場合、その大学は自衛官の人権侵害を行っていると、名指しで堂々と批判すればいい。「学問の自由はどこへ行ったんだ？」と批判しなければダメです。

同じように一部の日本人は、米軍兵士の人権も侵害しているんです。

米軍の理念は日本を守るということだけではなくて、アジア全体を守ることです。いまは「インド・太平洋地域」（Indo-Pacific region）と言いますが、その地域全体の平和と安定を守るために、米軍は沖縄にいる。非常に壮大なビジョンを持っているわけで、それを日本人はもっと知る必要があります。

ロバート　もともと軍事を忌避しているから知ろうとしませんね。
ケント　だから、アメリカの軍人がインド・太平洋地域のための仕事に行こうとすると、ゲートを通れない。座り込んでいる人がいて邪魔をする。小さな考えに凝り固まった人たちが邪魔しているわけ。
ロバート　沖縄の反基地運動はあいかわらずすごいものがあります。これなんてすごいでしょ？
ケント　看板に「人が集まれば、ゲートは開かない」と書いてある！
ロバート　そう。業務妨害の証拠です。
ケント　業務妨害を公言して恥じないし、これで逮捕も報道もされない！
ロバート　そう。もちろん米軍は日本の警察にちゃんと報告して、取り締まりをお願いしました。インド・太平洋地域の平和のために働こうとしている人たちを、不法に邪魔するのですからね。
ケント　私としては、もちろん自衛隊に対するリスペクトや感謝の気持ちを持ってほしいけど、米軍に対する感謝の気持ちも持ってほしいですね。
アメリカは自国だけではなく、ほかの同盟国の防衛にも協力してきたわけです。もしアメリカが第一次湾岸戦争をしなかったら、クウェートはいまだにイラクの一部ですよ。それでいいんですか？　ちなみに、それでいいと言ったのは瀬戸内寂聴さんです。テレビ番組『サンデーモーニング』で議論したときにそう言いました。イラクに侵略されたクウェートの人は「我慢すればいい」と言ったんです。寂聴さん自身は、これまでの人生でほとんど何も我慢してこなかったという衝撃の事実はあとから知りました。

もしアメリカが戦争をしなかったら、世界に独裁者や共産主義者、社会主義者などのファシストが横行するんです。自由と人権が奪われ、平和でもないでしょう？

ロバート　日本にいると、その感覚がないですね。

そして逆に言えば、日本には自衛隊に対するリスペクトや感謝の気持ちがないから、米軍の邪魔をする人が大手を振ってテレビで発言できるわけです。

ケント　そうですね。そして彼らにはグローバルのビジョンがない。押入れの中に閉じ込もっているような、本当に小さくて狭い考え方を持った人たちが、米軍を平気で批判するのは、「自分はバカだ」と拡声器を使って宣言しているみたいなものです。

「押入れの中の平和」から出てきてほしいと思います。そうしなければ、アジアの情勢が激変しているなかで、日本という国は本当に危ないと思います。

自衛隊が尊敬されていない理由

ロバート　アメリカ人がなぜ軍人をリスペクトし、感謝するのか。ケントさんのご家族の話がありましたが、ほとんどのアメリカ人は、自分の家族や親戚、それから例えば友達や同級生、ご近所さんに軍人がいますね。

ケント　私の弟の長女の夫はアフガニスタンに行っています。

父は朝鮮戦争の際に志願して従軍しましたし、母の兄、つまり私の伯父は朝鮮戦争で徴兵されて最前線に近い部隊に送られました。同級生には、ベトナム戦争で徴兵されないために州兵に入隊した人もいますが、州兵の一部はベトナム戦争に送られました。

ロバート　私の家は、父が第二次世界大戦（サイパン、沖縄戦など）で戦い、兄がベトナム戦争時代に陸軍に所属していました。もう一人の兄は70年代に海軍に入りましたし、甥はイラク戦争に参加して、フセインを捕まえた部隊に所属し、作戦そのものにたずさわりました。ほかにも近所の子たちが海兵隊に入ったり、私の同級生の友達は

２人が海軍に入ったりしている。同級生の旦那さんも海軍ですし、そのお嬢さんは去年、日本の海上保安庁にあたるコーストガードに入隊しました。

ともかく周りには軍人が普通にいますし、数えきれないほどの友人が米軍に入っています。もちろん私は軍の仕事をしていたので当然と言えば当然ですが、自分の家族だけの話に限っても数多くの軍人がいます。

大半のアメリカ人にとって、軍人は非常に身近な存在です。

例えば、アメリカで１００人に「あなたの周囲に軍人はいますか？」という質問をしたら、たぶん95人以上の人が手を挙げると思いますね。逆に日本で同じ質問をしたら、たぶんすごく少ない。もちろん質問をする場所にもよりますが、一般的にはひと桁ではないでしょうか。しかも、実は身近に自衛官がいても手を挙げられない人もいると思います。

ケント　そう。日本ではまずそれを宣伝しないし、隠すんですよ。軍人を誇りに思っていないから、話題にしない。

でもアメリカは違います。アメリカという国は、軍なくして存在しません。アメリカは誰がつくったかというと、コンチネンタル・アーミー（大陸軍）がつくったのです。独立軍とも言います。要はイギリス軍と独立戦争を戦ったお陰で、新しい国ができたわけですから、アメリカはコンチネンタル・アーミーがつくった国ということになります。だから軍人なくしては、アメリカ合衆国という国自体が存在しない。

ロバート　戦って、勝ち取って、つくった国。

ケント　日本の場合は、神話の時代からの歴史で、内戦を治めてできた国で、外国と戦って国をつくったのではありませんから、アメリカとは建国の歴史が違います。

アメリカ人は、ときとして自分たちの国を武力で守らなければいけないことがあることを、歴史的な経験からも身にしみてわかっています。我々を命がけで守ってくれているのだから、軍人を尊敬し、誇りに思っています。

ときには自分の命まで犠牲にして、私たちを守る。そういう覚悟をしている人たちは、尊敬するしかないでしょう。

一方、なぜ日本の自衛隊は尊敬されないかというと、もともとは占領軍の占領政策であるウォー・ギルト・インフォメーション・プログラム（War Guilt Information Program＝WGIP）で、戦後の日本人が洗脳されたからです。日本国民は暴走した軍部と軍国主義者たちの被害者だったと、繰り返し教え込んだわけです。これは植民地支配でよく用いられる「分断統治」の手法です。占領終了後は、ＷＧＩＰの効果をメディアや教育を通じて引き続き利用した、共産党や社会党など左翼のせいです。

ロバート　でも、日本の国民はなぜ、共産党の全体主義思想と戦わないんでしょうか。例えばいくらＷＧＩＰが悪いといっても、あれからもう70年以上経っています。いくらなんでも、お花畑すぎるでしょう。

ケント　いや、戦前の日本や戦争を知らない世代だからこそ、お花畑から容易には抜け出せない。ＷＧＩＰはアメリカが実施したものですが、４つの柱があるんです。

１つ目は、東京裁判です。先の戦争は法的にも日本が悪かったと、国際法にそういう事実を刻みましょうということです。

２つ目は、ＧＨＱ（連合国軍最高司令官総司令部）が草案を書いた日本国憲法の制定。特に前文と第９条第２項です。日本は軍隊を持つに値しない、しょうもない国であって、国民を守る軍隊を持つ資格もない国であるということを、日本人たちに納得させたんです。

どういうことかと言うと、憲法第９条第２項というのは、いまの日本人のほとんどが生まれたときから存在していたものです。だから多くの日本人は「まあ、それでいいかな」と思っている。「自分たちは軍隊を持つ資格はないんだね」と思っている。「自分たちには資格がない」でも、「自分たちには必要ない」でも、「自分たちは持ってはいけない」でもいいですが、いずれにしても日本が普通の軍隊を持たないことに納得している。これは、誇りある国民の正常な心理状態では、全然ないわけです。異常です。この第2項のような規定は、コスタリカという小さな国のほかには例がありません。世界屈指の大国ではあり得ない規定です。だから日本は異常で病気です。

ロバート　しかもコスタリカは交戦権を否定していませんね。常備軍は禁止していますが、有事は徴兵もする。さらに米州相互援助条約も結んでいます。

自尊心がない国

ケント　WGIPの3つ目の柱は検閲、プレスコードです。プレスコードとは「日本に与うる新聞遵則」と言いますが、GHQが新聞・出版活動を規制するために発した規則です。ラジオコードもありました。

これによって、いろんな真実を国民に教えないマスコミの体制と体質をつくりあげてしまった。日本のマスコミをそういう体制に仕上げたわけです。それが、70年以上経っても改まっていない。最近になって、むしろ強化されている印象すらある。

ＧＨＱのプレスコードとは、簡単に言えば、次のことを報道すると削除、または掲載発行禁止や回収処分になったというものです。

1　ＳＣＡＰ——連合国最高司令官（司令部）に対する批判
2　極東軍事裁判批判
3　ＳＣＡＰが憲法を起草したことに対する批判
4　検閲制度への言及
5　合衆国に対する批判
6　ロシアに対する批判
7　英国に対する批判
8　朝鮮人に対する批判
9　中国に対する批判
10　他の連合国に対する批判
11　連合国一般に対する批判
12　満州における日本人取扱についての批判

13 連合国の戦前の政策に対する批判
14 第三次世界大戦への言及
15 ソ連対西側諸国の「冷戦」に関する言及
16 戦争擁護の宣伝
17 神国日本の宣伝
18 軍国主義の宣伝
19 ナショナリズムの宣伝
20 大東亜共栄圏の宣伝
21 その他の宣伝
22 戦争犯罪人の正当化および擁護
23 占領軍兵士と日本女性との交渉
24 闇市の状況
25 占領軍軍隊に対する批判
26 飢餓の誇張
27 暴力と不穏の行動の煽動

28　虚偽の報道
29　ＳＣＡＰまたは地方軍政部に対する不適切な言及
30　解禁されていない報道の公表

（『閉された言語空間』江藤淳著、文春文庫より項目のみ抜粋）

ロバート　いまも日本のメディアはこれを気にしている、と。

ケント　そう。これがそのままいまでも続いているわけ。要は占領軍がプレスコードによって、日本のマスコミが真実を伝えないように「お達し」を出したので、いまだに日本のマスコミは、国民に真実を伝える必要があるとは全然、思っていないのです。それが日本のメディアが「自己検閲」と「報道しない自由」を繰り返す根本原因です。真実を隠すことが仕事だと思っていて、「国民の知る権利を守る」なんて考えたこともない。当時はＧＨＱの政治思想に基づいて、その後はそこに共産主義思想が入り込み、それに毒された人たちの政治思想に基づいて、意図的に偏向報道をしています。

その代表格が朝日新聞ですが、共産党の機関紙である『しんぶん赤旗』と同じだと私は思います。真実を知っていてもそれを書けない構造が同じなんです。それに日本の国益なんてまったく関係ない。いま、朝日も共産党も、日本を中国の脅威に負けない強い国にしようとする安倍政権を倒閣させるしかないと考えているのではないですか。そうとしか思えない報道が続いています。そのためには嘘でも、デマでも、誹謗中傷でも何でもやる。卑怯な印象操作は絶えません。その事例は山ほどあります。

そして、WGIPの柱の4つ目は教育制度の変更です。GHQは「教育改革」と言ったのですが、「改革」というようなきれいな言葉を使うのが私は非常に嫌なんです。その本質をもっとふさわしい言葉で言えば「教育破壊」です。

教育の目的は誇りある人間を育成していくことですが、GHQの占領政策は「日本に誇りある人間をつくってはいけないこと」にしたんです。日本人には贖罪意識を永遠に持たせる。自分たちの国が悪かったという自虐史観を持ち続ける。そういう人間をたくさんつくりだす教育制度にしました。

例えば「修身」は正義感と道徳心にあふれた子供を育てるための教科だったのに、これを「軍国主義の元凶」と決めつけて抹殺してしまいました。嘘だと思うなら復刻版の「修身」の教科書を読んでみてください。どこにも「お国のために死ね」なんて書いてありませんから。多くの日本人は戦争の真実を一度も知ることなく、悪質なプロパガンダに洗脳されたまま寿命を迎えています。

このように占領政策は、戦後の日本をかなり滅茶苦茶な国にしました。おかげで日本は自尊心を持てない国になりました。占領政策が日本人から自尊心を取り上げてしまったということです。

国として自尊心がないから、自分たちの意見や国益を主張する自信がない。そのような中で、自衛隊がアメリカの軍隊のように国民から評価されるわけがありません。日本は幸いにして島国なので、海外と積極的に関わりを持たなくてもなんとかなりました。でも、それでは今後、国際的な場面で通用しなくなります。

第３章

国のために戦えるのか

自衛隊差別

ケント　以前、ある隊友会（自衛隊退職者や予備自衛官補で採用された人たちが集まる交易社団法人）で講演をしたときのことです。懇親会のときに、講師ですから幹部３人と同じテーブルになりました。すると３人とも沖縄に赴任した経験があると言うわけです。彼らに「差別を受けませんでしたか？」と聞いたら、「それはありましたね。住民票を受け付けない。だから、子供が学校に入れないというのはありました」と言うんです。ひどい差別であり、明らかな人権侵害ですよ。

前に、河野克俊統合幕僚長と対談したときにおっしゃっていましたが、河野統幕長が防衛大学校に入った１９７３年当時、自衛隊に対する世間の目が非常に厳しくて「自衛隊は憲法違反」という声が強かったということです。だから、防衛大学校への進学に反対する高校の先生もいたそうです。

先の章でも述べたように、自衛隊が国民からリスペクトされなければ、自衛官の数は足りないままだし、国防に対する国民の関心も薄いままです。

なぜ世界中で日本だけがこういう状態になっているのか。占領政策についてはすでに述べました。しかし問題は、戦後70年以上も経ったいま、この悲惨な状態を改めるために、いま現在、いったい誰が働いてくれているのかという話です。
そういう人は日本にいるんですか？　自民党にいますか？

ロバート　おかしいと思っている人は間違いなくいますが、日本社会全体では大きな力になっていかない。

ケント　アメリカの場合は、議員の中に軍属がいます。

ロバート　軍属というのは、軍に所属する軍人以外の人を言いますね。

ケント　退役後に軍属になる人も多いですね。軍属の議員たちは、政策や法案が軍の利益になるかどうかを細かく見ています。だから沖縄の地位協定を変えるとなると、そのような軍属の上院議員たちも「うん」と言わせないとダメなんです。それからシンクタンクもある。つまり、軍のために発言する人たちや、政策を研究する組織がたくさんあるわけですよ。

日本ではどうですか。そんなものがどこにありますか。「日本は自衛隊へのリスペクトが足りないね」と言ったって、誰がリスペクトされるようになる方策を実施するの？　隊友会や日本会議は、人数はそれなりにいるけれど、失礼ながらあまり大きな影響力はありません。そういう人や組織がないことが、すごく大問題だと思いますね。

ロバート　防衛省は内局がむしろ抑制しようとしますしね。

ケント　本来なら、勇気ある政治家が自衛隊のために発言し、自衛隊のための環境を整備していくべきだと思うんですよ。すると国民が自衛隊をリスペクトするようにもなる。ところが、与党にもそういう政治家はほとんどいない。問題を理解している人はいるけれども、陣頭指揮を執って、この大改革をやろうとする人はいますか？

安倍総理が自衛隊を憲法に明記しようとしているけど、その後はいったい誰が、この日本の悲惨な状況を覆して、解決するんですか。誰も具体的な指揮を執っていないから、このままでは何も変わらないよ。

ロバート　日本の誰が指揮を執るか。それは法的な根拠が要るわけです。民主主義ですから、当然選挙で指揮を執る人間を選ぶことになります。だから、まず国民が関心を持たないとダメ。

ケント　そうなんだけど、国民のせいにしたって何も変わらないよ。実際問題として、指揮をちゃんと執ってくれるリーダーがいないと、国民は動きようがないでしょう。

ロバート　逆に国民が、リーダーシップをとることができる政治家を選ばないといけない。卵が先かニワトリが先か。

ケント　もうニワトリが先じゃないと時間がないよ。

ロバート　さらに、日本は自衛隊自身も変わらざるを得ない状況があります。本当に戦える組織にしなければならないし、尊敬される組織にしなければならない。そして、健全な文民統制のあり方にしなければなりません。こちらも、誰がその変化をもたらすのかが課題です。

でも日本の国会は防衛省内局と同様に、自衛隊をエンパワーするのではなく、抑制する。

ケント　国会議員で軍事、防衛がわかる人は少ないからね。「文民統制」という用語ひとつとっても、正しい意味を理解している国会議員は何割いるのやら。

自衛隊を健全に育てるという発想がない

ロバート　日本では、国防の話は票にならないとも言われます。

ケント　それは国防が自分とは関係のない話だと国民が思っているからでしょう。そもそも国防に限らず、政治全般に関わりたくないという風潮が日本にはありますね。

私のある友人はこう言っていました。彼は私の投稿をシェアするなど、フェイスブックで政治の話をときどき書きます。大学時代のゼミの同期生などは、それを見ていても絶対に「いいね」を押さない。でも、オートバイに乗っている写真をフェイスブックにアップすると、「いいね」がたくさん押されるそうです（笑）。

ロバート　妻も同じ話をしていました。みんな、見ているけど「Like」を押す勇気がないと（笑）。政治の話を嫌がる人が多い。

ケント　日本人は意見が異なることを恐れるのかもしれませんね。

話を戻すと、例えばアメリカだと、議会の中に軍事委員会（Armed Services Committee）があります。

ロバート　上院、下院、両方にありますね。その軍事委員会のトップであるジョン・マケイン氏は軍のOBで、しかもベトナム戦争で捕虜になった人です。

ケント　ジョン・マケイン氏はベトナムで5年半の間、捕虜になって、腕がもう使えないという。

ロバート　そのずっと前はダニエル・イノウエ氏がトップでしたね。

ケント　彼も同じく戦争で負傷した人ですね。ダニエル・イノウエ氏は、第二次大戦で日系2世として442連隊に参加し、イタリア戦線で右腕を失った方です。

ロバート　442連隊は日系アメリカ人によって構成された部隊で、ヨーロッパ戦線における奮闘で有名ですね。彼らはアメリカへの忠誠を示すために、枢軸国と激戦を繰り広げました。ドイツ軍に包囲された「テキサス大隊」を救出するために、救出人数以上の戦死者を出すなど、死傷者数はのべ9486人にものぼりました。アメリカ軍で最も多くの勲章を受章した部隊です。

話を戻すと、アメリカで軍事、防衛問題に関わっている議員は、軍人時代に実績、戦歴があり、極めて尊敬されています。だから国防総省がまず彼らの話を聞く。絶対に意見を聞かなければならない存在なのです。一方、日本の「ヒゲの隊長」と呼ばれる佐藤正久現外務副大臣などは人気と知名度がありますし、国連PKOゴラン高原派遣輸送隊初代隊長やイラク先遣隊長なども歴任された実績もあります。でも、政治家としては2期目の参院議員だから、まだ大きな権力を持たせてもらえない。

ケント　先にも述べましたが、文民統制とは、軍人や元軍人の行動や権限を抑圧するということではないのに、日本は抑圧しようとしますよね。

でもこれは文民統制に限らず、日本によくある傾向なんです。例えば、つい最近まで通信販売について、通産省（通商産業省、現経済産業省）と郵政省（現総務省）に管轄が分かれていて全然、通販業界を育てようとしていなかった。むしろビジネスを抑えようとしていました。ヤマト運輸の宅急便も、岩盤規制を突き崩すために大変な苦労をしながら通産省や運輸省の官僚と交渉し、やっと生まれたサービスです。

アメリカは違います。アメリカの考え方は、それをどうやって健全なものに育て上げていくかというものです。抑え込み、抑圧してなくしてしまうのではなく、育てる。

日本は防衛問題だけでなく、官僚組織全体の意識がアメリカとは違う。健全に育てていこうというのではなく、抑えておこうという風潮があるように思います。先例と違うことをやる勇気が日本の官僚にはない。だから国防に関しても同じで、自衛隊はやむを得ずあるけれど、どうやって最小限にとどめておくかという態度です。

ロバート　そこにさらに、日本独特の思想的問題も入るからややこしい。国会において、絶対に歩み寄らないイデオロギー的な衝突がある。アメリカでは、外交や防衛問題は超党派的にやります。今回のアメリカの国防予算の増額は、民主党、つまり野党が協力して可決したものです。アメリカでも野党は政権を攻撃するけれど、外交、防衛問題は別です。

ケント　そうですね。もちろん無限にお金を使うわけにはいきませんが、国防では与党も野党もない。しかし日本は違います。左翼政党は国防のことを真剣に考えるどころか、どうすれば中国様が日本を侵略しやすいのかを真剣に考えているフシがある。日本を効果的に守ることができる組織にするために自衛隊をいかに育てていくかをきちんと話し合っているのは、我々2人のアメリカ人くらい（笑）。

ロバート　さすがに、もっといると思うんですけど（笑）。

ケント　でも、こういうことを全面的に押し進めようとする、自民党の議員はいますか？　いないでしょ。まあ、青山繁晴さんはやっているかもしれない。でも国会の中では「1年生」という扱いをされるんでしょうね。

ロバート　モリカケ問題を延々続けた1年半以上にわたる日本の国会の議論は、厳しい国際政治の現実とかけ離れた世界です。野党のレベルが低く、財務省、文科省などの不祥事に関する安倍政権・与党の透明性や説明責任が乏しい。日本はまさに温室の中で生きている。

ケント　日本はロバートに言わせれば温室、私に言わせれば押入れ。ともかく、日本の軍事に関する意識や認識は、国際政治とは次元が2つぐらい違うんです。早く押入れの平和から出てきたほうがいい。

「自衛隊割」を普及させればいい

ロバート　自衛隊の環境を変えていくためにできることは何かありますか？

ケント　国会の活動が期待できないのであれば、まず日本会議がやっているように、「自衛隊に感謝しよう」という地道な運動から始めるのは、決して無意味ではありません。そのためにまず「自衛隊割」を全国に普及させればいい。

ロバート　アメリカでは「ミリタリー・ディスカウント」といって、10％から15％の割引があったりしますすね。

ケント　私の地元の、アメリカのユタ州オレム市に「YAMATO」という日本料理屋があります。『虎ノ門ニュース』でも紹介しましたが、そこに食べに行ったら、メニューの下に「ミリタリー・ディスカウント10％」と書いてありました。その近くに米軍基地はないんですよ。

ロバート　日本では一般的ではないですね。私は聞いたことがありません。

ケント　日本では横須賀の土産物屋にあったという話を聞いたけど、あんまり見ないですよね。この「YAMATO」の経営者は日本人なのですが、現地での暮らしで、アメリカ人の常識や軍人に対する敬意が身についたのだろうと思います。

アラスカにアイススケートのショーを見に行ったときにもミリタリー・ディスカウントがありました。アラスカ経済の3分の1は、防衛産業なんです。大きな基地が2つあって、2万5000人くらいは軍人がいる。

アイススケートのショーには2種類の料金が書いてあったんですよ。普通の料金と、シニア、もしくはミリタリーが15％割引とあった。私は両方に当てはまらなかったから、正規料金を払って、見たんです。

子供のディスカウントはないのに、ミリタリー割引はあったわけですが、これがアメリカでは当たり前なんです。だから日本で「自衛隊割」を始める企業が出てきたら、すごく話題になると思いますよ。

ロバート　自衛隊のOBが先述の勉強会で、同じような発言をされていましたね。給料が決していいわけではないので、ほかの面で優遇されると助かる、と。

例えば、自衛官の子供達が通う塾を優遇してあげるといいですね。自衛官は基本的に2年間で勤務地を移動することが多いので、お子さんは学校を変わることになります。それはお子さんの教育環境に影響を与えますので、塾をディスカウントしてあげるといい。

ケント　まずはアパホテルから（笑）。

ロバート　いいですね。元谷外志雄アパグループ代表はすごい人で、自衛隊の大サポーターですからね。

ケント　今度、代表に提案してみよう。自衛隊割5％。

ロバート　シニアは日本では「敬老」といってリスペクトされています。同じく自衛隊もリスペクトされてほしいですからね。

ケント　こういう地道なところから始めていきたいですが、これだけでは時間がかかりすぎますので、やはり私は日本政府が、自衛隊を今後どのようにしていくか研究する機関を正式につくってほしいと思います。そしてそこには「天下り」ではなく、自衛隊についてよくわかっている方を呼んで欲しいんです。

国のために戦うかわからない？

ロバート　私は国に対する誇りがあれば、国を守る自衛官をリスペクトするようになると思います。そこで、日本人の中に、「国を守る」「死んでも国を守る」という意志が、どこまであるのかが問題になります。

１９９６年に私は修士論文を書き終えたんですが、それを日本語にするために手伝いでゼミの後輩が家に泊まりにきてくれていました。論文は吉田茂首相の対外政策についてでした。すなわち軽軍備・経済優先・親米路線が三本柱のいわゆる吉田ドクトリンについてだったのですが、彼と寝る前にちょっと話をして、こう聞いたんです。「日本が侵略されたら、日本を守るために死ぬ覚悟がありますか？」

すると彼は私に「ない」と言いました。だから「じゃあ、同級生は？」と聞いたんですね。すると「１人もいないと思うよ」と彼は正直に話してくれたんです。

私はそれにすごくショックを受けました。寝つきの悪い夜でした。

私が沖縄の海兵隊に移るとき「死ぬ覚悟がある」というような署名を求められました。つまり、沖縄を含む日本が侵略されたら守る意志があるかどうか、ということです。私は喜んで署名しました。日本人が自分の国のために署名する覚悟があるかどうかを聞きたいですね。

ケント　もちろん自衛官は次のような「服務の宣誓」をしていますから、「死ぬ覚悟」はあるでしょう。

〈私は、我が国の平和と独立を守る自衛隊の使命を自覚し、日本国憲法及び法令を遵守し、一致団結、厳正な規律を保持し、常に徳操を養い、人格を尊重し、心身を鍛え、技能を磨き、政治的活動に関与せず、強い責任感をもつて専心職務の遂行に当たり、事に臨んでは危険を顧みず、身をもつて責務の完遂に務め、もつて国民の負託にこたえることを誓います〉

では、一般の日本人が日本を守るために死ぬ覚悟はあるかどうかですが、全世界で日本人はいちばんその意識が低いと言われています。靖国神社に祀られる英霊たち、とくに特攻隊として出撃して亡くなった方々は全員、草葉の陰で泣いてますね。

世界60カ国以上を対象にした「世界価値観調査」というものが行われています。５年ごとに行われる意識調査ですが、その設問の中に「もし戦争が起こったら国のために戦うか」というものがあります。この質問に「はい」、つまり「戦う」と答えた日本人の割合は世界でいちばん低いんですよ。「はい」と答えた人は２０００年は15・

6%、2005年は15・1%、2010年は15・2%です。「はい」が日本の次に少ないのは2010年はスペインですが、それでも日本の倍くらいあって28・1%です。

ロバート　日本は低すぎます。国民は政府にまかせっぱなしですね。ちなみにアメリカは？

ケント　アメリカは2010年は「はい」が57・8%ですが、「いいえ」も40・6%ある。

でも、日本は「戦う」という人の割合は世界一少ないんだけど、「わからない」は世界一多いんですよ。「わからない」が46・1%もいるんです。

ロバート　慎重なのか？　時と場合によるとか？　おもしろいですね。

ケント　そう。だから日本人自体が「わからない」と言われるんです（笑）。

戦うことをあきらめる怖さ

ロバート　国のために戦うか「わからない」という日本人が多いということですが、でも有事は突然やってくるので、「想定」しておかなければなりません。知り合いに聞いた話では、一般の日本人で「殺すなら殺されるほうがいい」と明言する人が普通にいるということです。

ケント　それは侵略者のプロパガンダの結果ですね。

ロバート　武器を持って襲ってくる人が相手でも、人を傷つけるぐらいだったら、殺されたほうがいい、という人もいるらしい。

ケント　そういう日本人が本当にいるということは、スイス政府がかつて各家庭に配布したことで有名な『民間防衛』で言えば、「間接侵略」が進んでいる証拠です。非常に気をつけなければいけない兆候ですよ。『民間防衛　あらゆる危険から身をまもる』（スイス政府編、原書房）には次のようなことが書かれています。

〈外国の宣伝の力

国民をして戦うことをあきらめさせれば、その抵抗を打ち破ることができる。

軍は、飛行機、装甲車、訓練された軍隊を持っているが、こんなものはすべて役に立たないということを、一国の国民に納得させることができれば、火器の試練を経ることなくしてうち破ることができる……。

このことは、巧妙な宣伝の結果、可能となるのである。

敗北主義――それは猫なで声で最も崇高な感情に訴える。――諸民族の間の協力、世界平和への献身、愛のある秩序の確立、相互扶助――戦争、破壊、殺戮の恐怖……。

そしてその結論は、時代おくれの軍事防衛は放棄しよう、ということになる。〉

ロバート　戦うことをあきらめさせるとは、まさに。

ケント　まさに、日本を見るようでしょう。

『民間防衛』には、さらに次のようにも書かれています。

〈敵はわれわれの抵抗意志を挫こうとする

そして美しい仮面をかぶった誘惑のことばを並べる：

核武装反対

それはスイスにふさわしくない。

農民たち！

装甲車を諸君の土地に入れさせるな。

軍事費削減のためのイニシアティブを

これらに要する巨額の金を、すべてわれわれは、大衆のための家を建てるために、各人に休暇を与えるために、未亡人、孤児および不具者の年金を上げるために、労働時間を減らすために、税金を安くするために、使わなければならない。よりよき未来に賛成！

（平和擁護のためのグループ結成の会）平和、平和を！

平和のためのキリスト教者たちの大会
汝　殺すなかれ
婦人たちは、とりわけ、戦争に反対する運動を行わなければならない〉

「国のために戦う」スイッチの点検

ロバート　日本ではよく見かけるキーワードがたくさん出ていますね（笑）。すでに日本人は、抵抗意志を挫かれている？

ケント　危ないですよね。テレビでよく見かける某風刺漫画化と某映画監督は、完全にこの状態になっていますよ。でも「殺すより殺されるほうがいい」なんて言う人に限って、自分が死にかけたら、延命装置は絶対最後までつけろと言いますよ（笑）。

ロバート　そうかも（笑）。

先ほどとは別の海兵隊の先輩の話ですが、その先輩は自衛官と話すとき、静かになるんです。私は「なぜ急に静かになるんですか」と聞いたことがあります。するとその先輩は「自衛官に戦士、ウォリアーのDNAが残っているかを観察している」と言っていました。彼はサムライのDNAがまだ自衛官には残っているだろうと期待しながら見ていたんですね。でも、彼は、やはり自衛官の多くは戦士ではなく、サラリーマン化してしまったと非常に悲しんでいました。これを読んで腹が立つ読者がいるかもしれません。しかし、サムライの精神を持つ現役か元自衛官はきっと静かに頷いていると思います。

一方で、こんなこともありました。その先輩と同年代の別の海兵隊の先輩と一緒に、東日本大震災のあと、大島に行った帰り、そこに戦士がいたんです。大島の帰りに、宇都宮のほうの友人である中央即応連隊長のところに行ってブリーフィングを受け、彼らの訓練の見学をしたんですね。すると、その先輩は20年近く自衛隊とつきあってきたけれども、初めて戦士たちに出会った日だったと言っていました。国を守る意志を強く感じたという。

だからいまでも自衛官の中に戦士はいるし、サムライはいる。

ケント　先ほどの調査で「わからない」が多い日本人と同じかもしれませんね。「スイッチが入ったら日本人は大丈夫だ」という保守層も多い。でもこれは裏返せば、国のために戦う事態を「想定していない」ということです。

ロバート　そうですね。

ケント　急に言われてもさ、と。

ロバート　「スイッチ」と言っても、70年間使っていないのですからね。例えばこの部屋、70年間使わなかったら電気がつくかどうか（笑）。

ケント　スイッチが入らない可能性もある。

ロバート　はい。消火器でもそうですけれども、毎年、点検しますよね。

ケント　消火器の点検はするけど、「国のために戦う」スイッチは点検しない、と。

ロバート　リスクの管理がいちばん重要な国防でその認識は甘いと思います。

ケント　日本には「言霊」と言って、悪いことを口に出すと、それが本当になると考える文化もあるそうです。真面目にリスク計算をしようとすると、「そんな不吉なことを言うんじゃない！」と叱られるという話（笑）。でも、某風刺漫画家や某映画監督を見る限り、すでに「間接侵略」が相当に進んでいるのに、それではダメでしょ。

ロバート　消火器も点検するんだから、まずは日本人それぞれが「国を守る」ことについて、点検してほしいですね。

「強兵」を批判される日本

ケント　日本には自衛隊を今後どうしていきたいのか、そのビジョンがない。アメリカには大きい軍隊がいいのか、小さい軍隊がいいのかという議論があります。いまはオバマ政権の8年間の軍縮、あるいは必要なかった戦争をしたことによって、非常に米軍が弱くなっているという共通認識がアメリカ人にはあります。だから、ここでもう一度、お金を投資しなければダメだということで、トランプ政権下で民主党、共和党、両方ともが合意して、大きな国防予算が通ったわけです。

ロバート　日本には戦略がないですね。

ケント　そう。「自衛隊の問題はとりあえずあの辺に置いておいて……」、という感じがします。我々からすると、一般の人たちは、「自衛隊についてあんまり考えないようにしよう」としているように見える。これでは危ない。

ロバート　もちろん、自衛隊が国を守ることができるようにしたいと思っている人たちは日本にも当然いますし、そのための研究をしている勢力もあります。が、戦略を立てるところまでいかない。そのずっと前の段階。

ケント　自衛隊を強くしようと政治家が口を開けば、感情論だけで批判されるんです。その批判する人たちを、ちゃんと冷静に論破できる人が少なすぎる。論破するのに十分な知識や理想もない。それから十分な覚悟もない。したがって、リスクを負ってまでそんなことを言うよりも、黙っておいたほうがいいとなる。

だから、我々アメリカ人が言えばいい（笑）。我々は、選挙権も被選挙権もないんだから、批判されても失うものがありません。ＧＨＱが戦後の日本人に植え付けた嘘や非常識を正したいと思うし、余命を理想のために使っていい年齢でもある。

ロバート　26歳を若干超えているから（笑）、すでに自衛隊にも入れませんし、そもそも部外者ですから。

ケント　例えば私たちが、軍事問題、防衛問題に非常に興味を持つ１００人を集めて大研究会をつくればいいんです。おそらく、そのくらいの規模でやらないと、無責任野党や共産党に邪魔をされて潰されます。共産党が入り込んでしまっている教育機関や、労働組合に邪魔をされるわけです。共産党の力もずいぶん落ちていますけれど、邪魔だけは立派にやれます。

ロバート　世論調査では、70年代から自衛隊の支持率が徐々に上がっているので日本の保守層は安心しています。でも、私はそれで安心はできないと思うのです。なぜなら支持と理解は違うからです。本当に理解があれば、もっと入隊する人は多いし、必要な予算などももっと増えるはずだからです。真に軍事を理解している人たちを増やさなければ安心はできないでしょう。先ほどケントさんが指摘したように、自衛隊をなくそうとする人たちに、反論できる、論破できる理論武装をしなければならないと思いますね。

ケント　災害派遣のイメージで、自衛隊を好きになってきただけかも知れないしね。

内閣府の調査によると、自衛隊に対して「良い印象を持っている」と答えた人が9割以上います。また、中央調査社が2015年に行った、国会議員、官僚、裁判官、マスコミ、銀行、大企業、医療機関、警察、自衛隊、教師の信頼感に関する意識調査では、「たいへん信頼できる」のは自衛隊がトップだった。つまり、自衛隊のイメージは確かによくなっているわけです。

東日本大震災のときに、最初日本のマスコミは、できるかぎり自衛隊の活動を見せないようにしたんだけど、隠しきれませんでした。トモダチ作戦も、見せたくなかったけど、バッチリ見えてしまったわけです。

そして最近の災害では、自衛官が現場で一所懸命がんばって救助や復旧作業をしている姿をかなり見せるようになりました。神業のようなヘリコプターの操縦を、繰り返し見せる。自衛隊を嫌いなはずのマスコミが、災害時の自衛隊の活躍を映してイメージを上げています。数字（視聴率）が取れるんでしょうね。

ロバート　自衛隊は災害専用だと国民に誤解される恐れもあります。自衛隊の災害派遣はプロフェッショナルな仕事だとされており、世界一のレベルだと思います。が、それは彼らの主要な仕事ではなく、あくまで数多くの任務のうちの一部にすぎないのです。冷戦後、自衛隊は海外派遣や軍事演習などの任務がとても増えていて多忙です。

アメリカでは災害には州軍が出動することが多いですよね。でも、東海岸を襲ったハリケーン・サンディ（2012年）のときは、海兵隊が出てきて活動していました。

ケント　州軍ではできないことがあるんです。ハリケーン・カトリーナ（2005年）のときにも軍を使いましたが、それはやはり軍でなければ無理だったからです。

あのときは、10万人の人たちがクルマを持っていないから、避難したくてもできなかったんです。だからバスで輸送しようとしたら、民間のバス会社はお断り。現場に行かなかったのです。治安が悪いから危ない。だから運転手が行きたくないと拒否したわけです。結局、そういうときは軍を使うしかない。

軍の中の不戦主義者

ロバート　自衛官の中には、災害派遣のために自衛隊に入ったのではないという人もいます。国防や海外派遣業務でなく、汚れ仕事である災害救助任務をやらされることで、自衛隊のリクルート環境は悪いとも聞きます。

一方で、自衛隊は警察予備隊のときも、災害派遣を行っていたので、それによって、どんどん国民の支持や理解を得てきたということはあります。これだけ自衛隊が災害派遣で活躍していますから、災害派遣で役立ちたくて自衛隊に入ったという人もたくさんいるでしょう。

例えば、約10年前、中部方面隊のオピニオンリーダーを私が務めたとき、同総監部の広報にいた女性自衛官と話したことがあります。彼女は九州地方の出身で、子供の頃に大きな水害に巻き込まれて、自衛官によって救出されたということでした。そのときの感謝の気持ちと好奇心があって、彼女は自衛隊に入ったということです。

先日の西日本を中心とした豪雨災害でも、きっとたくさんの子供たちや若者が自衛隊の姿を見て、感謝と誇りの気持ちを抱いたでしょう。将来、先の女性のように自衛隊に入ることを心より期待しています。

実は私の若い友達は、東日本大震災のときに宮城県気仙沼市の離島、大島で甚大な被害を受け、そこで自衛隊と米軍の活動の様子を見たのです。そして、彼は高校を卒業すると陸上自衛隊に入隊しました。彼はいま仙台にいます。とても立派な青年です（詳細は拙著『トモダチ作戦』を参照）。

米軍にも同じような話があります。同じ東日本大震災のときの話ですが、仙台空港で、がれきの中を一緒に歩いていた若い女性の少尉に「なぜ海兵隊に入ったのですか？」と聞いたことがあります。彼女は「この仕事をするため」と答えました。つまり人道支援のために軍に入ったということです。そのとき、私の目からは涙があふれました。自衛隊だけでなく米軍にもそのような動機で入る人もいます。

ケント　アメリカにはクエーカー教徒という不戦主義者たちがいます。徴兵制だったときには彼らも徴兵されるわけです。だから軍に入るわけですが、彼らが何をするかというと、最前線には行かず、人道的な支援をするんです。最前線には行かないけれども、例えば衛生兵として活動するなどして後方支援の仕事をする。

軍隊という組織の中で、彼らが持っている高い理想を実現できるわけだから、そこが軍隊であることにこだわらないというわけです。でも、彼らは不戦主義ですから、絶対に戦いません。アメリカには信教の自由があるからそれが許されるのです。

つまり、徴兵制だった頃のアメリカでは、あなたの信じる宗教が戦争をしないのなら、それはそれでいいけど、国に貢献しないわけにはいかないぞ、ということでした。

ロバート　そういう人たちも、別の角度から国には貢献しているということですね。

ケント　それがアメリカでは許される。

ロバート　だけど、やはり軍の中では、そういう人に対するいじめがあったようです。

『ハクソー・リッジ』（Hacksaw Ridge、２０１６年）というメル・ギブソン監督の映画があります。この映画は、２０１７年にアカデミー賞で二部門を受賞しました。

映画は、沖縄戦に衛生兵として従軍したデズモンド・T・ドスという人を描いた内容です。デズモンド氏は「セブンスデー・アドベンチスト教会」という宗派の敬虔なクリスチャンで、人を殺せないどころか、その教義から銃に触れることもできないのです。そして、いじめに遭うんです。でも、沖縄戦で多くの人命を救ったことから、「良心的兵役拒否者（Conscientious objector）」として初めて名誉勲章が与えられたということでした。

ケント　ハクソーというのは、ノコギリのことですね。リッジは崖。

ロバート　そうです。沖縄の浦添《うらそえ》城址の南東にある日本軍陣地で、激戦地になったところを、米軍が「ハクソー・リッジ」と名付けていたということです。

アメリカに戦争がダメという教育はない

ケント　先ほども言いましたが、アメリカの歴史は戦争の歴史だと言えます。ここで、なぜアメリカ国民は戦争を支持できるのか、根本的な話をしておきたいと思います。アメリカでは、何か反戦的な教育をしていますか？

ロバート　戦争をしてはいけないとか、戦争はダメという教育をされたことは一度もないですね。

ケント　そうなんです。一度もありません。学校ではそんな教育はしない。日本では「戦争は悪いこと」みたいな話を道徳の時間や総合学習の時間にする先生がいるようですが、それは道徳で教育することじゃない。

我那覇真子さんが『虎ノ門ニュース』にゲスト出演してくれたときに、沖縄ではあの『沖縄タイムス』や『琉球新報』を授業で使う学校があると紹介していました。沖縄だけでなく、「ニュースペーパー・イン・エデュケーション」（Newspaper in Education＝NIE）という取り組みで新聞を授業に取り入れることは全国で行われていますが、慰霊の日が近づくと沖縄の洗脳教育は特にすごくなるということでした。『琉球新報』の子供用の新聞の中には、「レッツチャレンジNIE」というワークシートまであるそうです（笑）。かつてその欄で、次のような問題が出たと我那覇さんは紹介してくれました。

〈南洋群島、慶良間、中部で、アメリカ軍が上陸したとき、住民はどのような行動を取りましたか。三つの場所から共通することを書いてみましょう〉

この答えの例が、驚くべきことに次のようなものなのです。

〈米軍に捕まるよりは天皇のために死ぬ方が尊いと教えられていたので、強制集団死が起こった〉

「軍命による集団自決」が嘘だったことが明らかになり、それを教科書にも書けなくなったために、「強制集団死」という奇妙な言葉が生まれたのだという説明を我那覇さんはしていました。

また、「（　）石」とブランク（空欄）にしているところに文字を埋めさせるものもあったそうです。「沖縄は天皇制や本土を守るための捨て石」というプロパガンダです。

捨て石だったら、戦艦大和は沖縄戦に向かいません。こういう嘘を学校で子供に教えているのです。先生がこんなに政治的に偏ったことを教えている。我那覇さん自身の体験としては、社会科の時間はあの二紙を読むことが授業内容だったということです。沖縄県民を「天皇制や本土を恨む不戦主義者」にするための洗脳教育ですよ。

ロバート　ずっと二紙を読まされていると洗脳されてもおかしくありません。要するに旧ソ連共産主義時代の「プラウダ」の二倍のプロパガンダです。

ケント　そうです。アメリカにも子供新聞はあって私も読みましたが、こんなに政治的な内容ではありません。もっと社会的な、ニューヨークはゴミ問題がすごくあったので、ゴミ箱を設置したというような内容です。

学校は政治的なことや嘘を教える場所ではありません。アメリカで政治的な問題を学校で一方的に扱えば、それこそ大問題になりますよ。

ロバート　学校は何を学ぶかというより、どのように学ぶかが重要だと思います。日本の教育では「答え」を教えるのが中心ですが、アメリカの教育では「答え」にたどり着くための「方法」を学びます。だから日本は○×をつける試験が好きで、アメリカは議論が好きなのです。

ケント　アメリカでは戦争については、歴史の時間に事実を学びます。戦争は道徳で教えることではありません。事実として学べば、世界には多くの国があって、国益がぶつかりあって、外交努力をして、それでも決着がつかないときに戦争になるという当たり前のことがわかります。

アメリカの歴史は戦争の歴史

ロバート　ケントさんが言うように、学校では事実を学びます。アメリカ国民が歴史を勉強するときは、だいたい独立戦争（1775～1783年）から学びますね。イギリスから独立したアメリカの建国の話です。独立戦争はアメリカにとって必要なものです。最悪の場合、戦争は必要なものだということがそれでわかります。

ケント　「独立宣言」も学びますね。植民地だった大陸側が、なぜ本国のイギリスと戦争をするのかを、全世界に発信したほうがいいということで、1776年に「独立宣言」が出されました。後に第3代大統領となるトーマス・ジェファーソンが起草したものに大陸会議（13植民地の中央組織）で修正が加えられて公布されたのです。

ロバート　アメリカの歴史教育では戦争とは国を守るための、あるいは国ができるために必要なものだったと、かなりロマンチックに紹介されています。南北戦争（1861～65年）でさえ必要なステップだったと肯定的に認められています。

そして第一次世界大戦（1914～18年）、第二次世界大戦（1939～1945年）は正義の戦い。しかし、ベトナム戦争（1961～1975年）になると、悲劇的なものだった、やるべきではなかったと、そこから戦争に少し否定的な教育がされるかなという感じですね。

ケント　ほかにも、「1812年戦争（第二次英米戦争、1812〜14年）」というのもあります。これはイギリスとの戦争ですが、その間、原住民であるインディアンとも戦っている。

ロバート　アメリカ人は西に向かってどんどん開拓を進めていたので、インディアンの不満がどんどん高まっていましたからね。その不満をイギリスがたきつけました。

ケント　その後、南北戦争があって、1898年は米西戦争です。スペインとの戦争でした。勝ったアメリカはキューバを保護国にし、グアムやフィリピンをもらったわけです。

ロバート　南北戦争前には1846年にメキシコとの戦争（アメリカメキシコ戦争）もありました。

ケント　そうですね。メキシコと戦争して奪い取ったのは、いまで言うカリフォルニア、ネバダ、ユタ州の全部、アリゾナ、ニューメキシコ州の大半。あとは、コロラド、ワイオミングの一部です。アリゾナとニューメキシコの残りの部分は1853年にメキシコから購入しました。

ロバート　だからもともとユタ州出身のケントさんはメキシコ人（笑）。

ケント　違いますよ（笑）。私の生まれはアイダホ州なんです。先祖はイギリス人。

ロバート　アイダホ州はいいところですね。

ケント　はい。先ほどの、歴史の勉強でベトナム戦争をどう教えるかですが、アメリカでは戦争したことが悪かったとは言わないですよ。だいたい次のような感じだと思います。

「戦争に反対する人は当時からたくさんいました。しかし、これは共産主義を食い止めるためであると言った人もいました。たくさんの人が死にました」

これで終わり（笑）。

なぜ負けたかという話を言わないのですが、負けた理由は簡単なんです。アメリカが加勢した南ベトナムがあんまりにも腐敗しすぎていたからです。中国の国民党が共産党に負けたのと同じです。その南ベトナムの腐敗をなんとかしようとして、クーデターで南ベトナムのゴ・ディン・ジェム大統領は暗殺されましたが、それでも良くならなくて、むしろ悪くなった。

ただ、ベトナム戦争をした意味はあったと思います。もしやらなければ、そのまま共産主義が拡大した。それを食い止める効果はあったけれども、その効果が犠牲に見合っているかどうかという問題です。犠牲者はすごい数ですからね。

ロバート　アメリカ人だけでは、5万5000人を超えます。

ケント　負傷者はもっと多いですよね。

ロバート　そう。ベトナムの方の犠牲者は100万人以上です。カンボジアやラオスにも影響していますしね。その影響が現在も、政治、社会、経済、環境、健康など多くの分野にわたって残っています。ベトナム戦争は間違った戦争だったと強く思います。人道上の観点だけではなく、戦略上もそうです。アメリカの介入によって世界がよくなったとは言えませんから。

ケント　アメリカはそういう戦争の歴史を現実に持っている国です。

アメリカのプライド

ロバート　だからアメリカには自虐史観はなくて、誇りがあります。普通のアメリカ人は、国に対するプライドがあります。

ケント　正義に対するプライドがありますね。最初は宗教弾圧に対して立ち上がって新天地を求めた。さらに正義のために武器を取って戦争をしたことで新しい国ができて、イギリスの不公平な支配から独立した。そのような歴史を持つ世界で初めての自由な民主主義国家ですから、その誇りはあります。イギリスは民主主義国家でも王室があるからアメリカとは違う。アメリカには独立戦争への強い自負があります。

そんな歴史にアメリカ人はすごく誇りを持っているので、その経緯を小学校からずっと勉強するわけですね。さらに修正憲法についても学びます。

1788年にはアメリカ合衆国憲法が発効しましたが、まだ奴隷制度は残っていました。そのため奴隷制を前提とした大農場を基盤とする南部と、奴隷制に反対する北部との対立があり、南北戦争が起こりました。南北戦争後に奴隷は解放され、それによって修正条項第13条、第14条、第15条が合衆国憲法に加えられたわけです。修正第13条で奴隷制の禁止、第14条で黒人への市民権、法の適正な手続き、平等権を約束しました。そして第15条では投票権の平等を約束しています。奴隷を解放し、平等という原則を憲法に取り入れた。そこまでが美しいアメリカの歴史なのです。

ロバート　さらにアメリカ国民は、アメリカは神様に認められている国だと、非常に特別な国だと思っていますね。

ケント　アメリカが東海岸から西海岸まで領土拡張した理由に、そういう教義がありますね。マニフェストデスティニー（Manifest Destiny）、「明白な運命」という意味です。アメリカは運命として、西海岸まで領土を拡張するというひとつの教義がマニフェストデスティニーです。運命だから戦争で奪ってもいいし、買ってもいい。

１８０３年にルイジアナ・パーチェス（買収）で、大草原や北西部をフランスから手に入れましたし、アラスカは１８６７年にロシアから買いました。

ロバート　そういう「正義の歴史」に誇りを持っているのがアメリカ国民です。

そして、可能性が無限だということにも誇りがありますね。西に拡張した領土もそうですが、人口も多く人種のるつぼで、自由で何でもできる、そういう無限に可能性がある国だという誇りがあります。

ケント　確かにそうだね。

ロバート　もし敢えて対照的に言うとすれば、日本は限られた枠の中で、みんなが生きている感じがします。島国だということもあるかもしれませんが、自らつくった「言葉の壁」によっても囲まれてしまっています。自分たちが定めた枠の中で生きる。

例えば身内、自分の所属する課や局、会社、業界など、いろんな枠をつくって、自分から囚われているように思いますね。その生き方は安心はできますが、窮屈ではないのでしょうか。

ケント　そういう意味では、アメリカはまったく自由なんです。自由なので、失敗するのも自由（笑）。だから、苛酷なんです。

ロバート　自由であるほうが苛酷ですからね。

ケント　そう考えると、実力がある人やその子孫しかアメリカにはいないはずなんですよ。実力がなければ、先祖はとっくに野たれ死んでますから。最初にアメリカに渡ってきた人たちだって、実力がなければ生き残っていない。たちまち死にましたよ。

ロバート　弱肉強食の社会ですね。

勝ち抜いてきた自信

ケント　だからこそアメリカ国民は自信満々。勝ち抜いてきた国だという自信です。ただし移民国家だから、他から来た人がアメリカ人に同化するのに時間がかかるということはありますね。早いか遅いかだけで、いずれは同化しますが、その移民国家を統一するためには、やはり国旗に向かって忠誠を誓うことが必要です。国歌もそのために使われているわけです。

アメリカの学校では朝、必ず星条旗に宣誓します。これは州に委ねられているため、私の育ったユタ州は国歌だけでしたが、テキサス親父ことトニー・マラーノ氏は国歌だけでなく、テキサス州歌も斉唱していたそうです。

アメリカ国歌である「星条旗」の歌詞は、イギリスとの戦いの風景を描いています。一晩戦闘が続いて、朝起きたら星条旗がまだ健在だったという話。戦争の勇ましい歌です。

ロバート　3番がひどいんですよね。

ケント　そう。アメリカ国歌はもともと4番までありますが、3番は最初から最後までイギリスの揶揄と批判です。

戦争による破壊と混乱を
自慢げに断言した奴等は何処へ

家も国もこれ以上我々を見捨てはしない
彼等の邪悪な足跡は
彼等自らの血で購《あがな》われたのだ

（インターネットサイト『世界の国歌・行進曲』より）

だからもういまでは3番を歌っていません。学校などで国歌斉唱をするときは、常に1番だけでした。いまはイギリスとは友達だからね。

ロバート　国歌は、先ほどケントさんが挙げた「1812年戦争」のことを描いていますね。この戦争は、独立したアメリカにイギリスがいろんな嫌がらせをしてきたので、アメリカの独立を守るための戦争でした。アメリカはまだ弱くて、小さい独立国家だったんですが、それを守るために戦ったのです。

ケント　この戦争で、イギリスがワシントンDCを全部焼き払ってしまって、ホワイトハウスも焼いた。だから、いまのホワイトハウスはオリジナルじゃないんです。イギリスはアメリカにとって先祖の国だからいまは仲良くやっていますが、でもまだ時々冗談で昔のことを持ち出したりもしますね。

ロバート　アメリカ人はコロニスト（植民地開拓者）だと冗談で言ったりします。

ケント　でも、冗談で言えるくらいだから仲はいいんです。

ロバート　アメリカとイギリスは何があっても、お互いに守り合う関係です。第一次、第二次世界大戦を見てもらえばわかりますが、お互いを絶対に守ります。価値観も同じだから。

ケント　イギリスはアメリカにとって同盟国であり、緩衝地帯でもあるんですよ。アメリカは仮想敵国との間に緩衝地帯、安全地帯が必要だと考えています。

かつては、海を緩衝地帯と考えていたため、アメリカは非常に内向きでした。が、ハワイが地政学的に重要だと気付いた。だからハワイを手に入れました。でもその後、第一次世界大戦で、潜水艦と飛行機が出現したことによって、海は緩衝地帯にならなくなったわけです。そうすると、海の向こう側の国も必要になる。

だから、アメリカには日本が必要だったんです。日本と戦う前から、地政学者たちはそれをわかっていました。そういう意味で、イギリスも必要なんです。

地政学者たちは、第二次世界大戦が勃発してから、戦争が終わったときに万一日本という国が残っていたら、同盟を結ばなければならないと言っていました。日本を一度潰して同盟国にする。アメリカにとっての緩衝地帯、安全地帯が必要だからです。

第4章　平和主義というレッド・ヘリング

日本に横行するレッド・ヘリング

ケント　日本は危機的な状況ですが、単に憲法改正に反対している人たちがアホだとかいう、そういうレベルの話じゃない。全然、次元が違うんです。

無知はまだいいんです。無関心もまだいい。そうではなく、日本は誤ったプロパガンダに洗脳されたままだから問題なのです。つまり、強い軍隊を持てば、日本は絶対に戦争に突き進む、日本が世界に戦争を起こすのだという、自分たちの国に対する不信感を持っています。「強い日本軍は必ず他国を侵略する」と思い込んでいます。

これは思いっきりＷＧＩＰの影響です。だから先ほど話したように、日本では「文民統制」がプロパガンダ用語になってしまっているというわけですよ。

ロバート　日本にはプロパガンダ用語がたくさんあります（笑）。

ケント　まず「平和」でしょ。それから「人権」、「差別」、「立憲主義」とかね。最近は「ヘイト・スピーチ」と「レイシスト」も加わりました。

こういうのはみんなプロパガンダ用語で、英語で言うと「レッド・ヘリング」です。「レッド・ヘリング」は直訳すると「ニシンの燻製」。

英語では慣用句として使われますが、日本人に説明するために辞書を引いてみました。『小学館ランダムハウス英和大辞典』によれば「レッド・へリング」とは、「根本［当面］の問題から注意をそらすためのもの」「人を欺く［迷わせる］もの」だそうです。

『デジタル大辞泉』によれば、「推理小説などの手法の一つ。読者の注意を真犯人からそらすため、わざと提示される偽の手がかり。燻製ニシンの臭いで猟犬の注意がそらされることに由来する」だそうです。

つまり、レッド・へリングとは、日本で言えば朝日新聞の見出しみたいなものですね。バレバレの論点ずらしの世論誘導を目論んでいる。

いま日本にはレッド・へリングがすごく多いんだけど、国語の授業でディベートをやらないから、論理的思考の教育が足りない日本人はそれにすぐ踊らされる。中でも最も悪質なプロパガンダ用語が「平和」です。なぜこれがプロパガンダ用語かと言うと、日本人が言う「平和主義」は、実は「不戦主義」のことだからなんです。

ロバート　憲法9条があるから日本は平和だと言います（笑）。

例えば、日本の一部の人たちは、日本国憲法を「平和憲法」と言ったりしますね。

ケント　しかし、まず「平和」の明確な定義がない。言った人の主観だけで決まる。言ったもの勝ちという感じなのに、「平和主義」だと言う。

でも、「平和主義」と彼らが言っているのは、本当は「不戦主義」なんです。「日本を平和な国にしましょう」ということなのだったら私も賛成ですよ。でも、彼らが言っているのはそうではなくて「国が戦争をしないことが日本の平和だ」ということ。

ロバート　まさに「レッド・ヘリング」。

ケント　そう、「レッド・ヘリング」なんです。

「不戦主義」を英語で言うと「パシフィズム（pacifism）」ですよね。パシフィズムを日本語に訳したときに、「平和主義」にしてしまった。つまり、平和＝絶対に戦わないことだと勘違いしたんです。

何が起きても戦争に参加しないことが、何か高い理想であるかのように考える人がいます。もちろん宗教家であれば不戦主義者はいます。キリスト教の中にも、先ほども触れましたがクエーカーやセブンスデー・アドベンチストという宗派もあります。しかし現実問題として、これは非常に国家を危ない状態に追い込む思想なのです。

ロバート　「不戦」と言えば侵略されないかというと、そうではない。
ケント　そう。だから日本は甘いわけ。不戦主義者の正体は、無責任な楽観主義者なんです。平和、平和と、お花畑をスキップしながら童謡を歌っているみたいな人たちは、すでに日本がどんなに危ない状況かということがわかっていないんですね。
ロバート　それは鳩山由紀夫元総理の話ですか？（笑）
ケント　彼も含めてね。安保法制を「戦争法」と呼んだ無責任野党はみんなそうです。
ロバート　自民党にもお花畑をスキップしている人はいますけれどもね。
ケント　憲法改正を支持する決意がまだできない議員がそうですね。
先日、元首相である福田康夫氏が南京大虐殺記念館に赴いて「過去の事実を正確に理解しなければならない。もっと多くの日本人が記念館を参観すべきだ」と言いました。南京大虐殺記念館は日本軍の南京占領によって30万人が犠牲になったという壮大な誇張を宣伝している場所です。
福田康夫氏は、かつて靖国神社に参拝するかを聞かれて「お友達の嫌がることをあなたはしますか。国と国の関係も同じ。相手の嫌がることを、あえてする必要はない」と言った人。信じられない発言だけど、日本ではこんな幼稚な言説がまかり通るから不思議です。

しかも福田氏は、日本人の嫌がることを自分がやっている自覚がないんだね。

尖閣はアメリカの国益次第

ケント　「不戦主義」の何が危ないかと言うと、大きく分けて3つあります。

まず不戦主義ということは、絶対に戦わないということだから、自国の防衛を国際機関や他国に委ねることになる。それが最も危ないことだと思います。

日本を守ることができる国際機関は存在しません。国連崇拝という変な宗教に入っている人たちは反論するかもしれないけど、国連には軍もないし、北朝鮮を説得する力すらない。国連安保理だって、常任理事国の反対ひとつで何もできなくなってしまう。実際、何の役にも立っていません。国際機関が日本を守ることについては、中国もロシアも絶対に反対するわけだから、国連は信用できないわけです。

するといまのところ日本が頼れるのは、アメリカだけでしょ？

ロバート　実際問題、現在そうなっています。

ケント　でも、国防をアメリカに任せるのであれば、実質はアメリカの植民地だと本当は自覚したほうがいいわけですよ。

例えば、尖閣諸島を中国が取りに来るとする。もう取りに来ていますが、いよいよ実際に仕掛けてきたとします。すると、不戦主義者は、「尖閣なんて島は中国にあげればいい」と言うんです。あるいは自分は戦わないけれども、アメリカが日米安全保障条約に基づいて、尖閣を守るべきだと言うわけです。

しかし、そのとき、アメリカは尖閣を守りますか？

ロバート　それはわからない。日本次第です。

ケント　そう。守るかもしれないし、守らないかもしれない。その選択を決める基準は何ですか？　当然、アメリカの国益です。日本の国益ではありません。

ロバート　実は尖閣を守るのはアメリカの国益でもあります。なぜなら中国が尖閣を南シナ海の人工島のように基地化すると日本が危なくなり、沖縄にある米軍基地が使えなくなるからです。トランプ大統領は尖閣諸島について、対日安全保障の範囲内だとの認識を示しています。２０１７年2月10日に行われた日米首脳会談で、トランプ大統領と安倍総理は、アジア太平洋地域における平和、繁栄及び自由の礎である日米同盟の取り組みを一層強化する強い決意を確認。そして共同声明において、日米安全保障条約第5条の尖閣諸島への適用を文書で確認しました。

それでも私は、日米安保条約第5条は、幻想だと言っています。

ケント　幻想とは？

ロバート　日本は、尖閣をめぐって有事になったら、日米安保条約の第5条の適用で対応しようとしていますが、限界があるのです。第5条は条約の発動条件を、日本の施政権下にある領域で、どちらかの国が攻撃を受けた場合とした規定です。

そして、そもそもアメリカは尖閣諸島の領有権に中立だというひどい矛盾がある。尖閣諸島の施政権は日本にあると認めていますが、領有権については、いまのアメリカの方針では肯定も否定もしていません。これは論理的に考えた場合、同じように中国の領有権主張についても否定していないことになります。

確かに、アメリカは沖縄返還までの間、日本は沖縄に潜在的に主権を保有しているという方針をとってきました。国際的にもサンフランシスコ平和会議の際にダレス米国務長官が、沖縄の尖閣諸島を含む南西諸島に対し、日本は潜在的主権があるという見解を言明したことで、広く認識されています。

しかし、1971年6月の沖縄返還協定締結の際、台湾と中国の尖閣諸島領有権問題が浮上しました。台湾はその頃まで、アメリカの同盟国でした。また、同年7月にはニクソン大統領の訪中が発表されたわけですが、そのための中国との折衝が、水面下でキッシンジャー補佐官によって行われていたわけです。ですから両国の主張に対して、アメリカは曖昧な姿勢をとってしまったのです。沖縄返還までについてはこのように、尖閣諸島問題に対する大きな責任がアメリカにあると思います。返還後はもちろん日本の責任です。

この間、アメリカの高官が来日したときや、日本の高官が訪米した際に、尖閣諸島が日米安保第5条の適用範囲であることを確認する発言を延々と繰り返していますが、私から見ると、これは恋人同士が「まだ私のことを愛しているの？」と念押しを繰り返す様子とそっくりに見えます。確認しなければ安心できないという、ある意味、気持ち悪い関係。

ケント　確認しなければ安心できないということは、不安だということですよね（笑）。

ロバート　そうです。尖閣諸島が日米安保条約の適用範囲であることは、1971年の沖縄返還協定批准の際、アメリカ議会で認められています。だから、それ以上、確認をとらなくてもよい事柄なのです。

確認ばかりしているのは、国際社会から見れば非常におかしなことです。同盟が強固なものであれば、確認の必要はありませんからね。日本政府が確認すればするほど、日米同盟は脆いと思われてしまいます。

日本が動かない限りアメリカは何もしない

ケント　日米首脳会談で文書で確認されたことは大きな成果だと日本は言うけど。

ロバート　そもそも日米安保条約の適用範囲以外の事態が起こったときが問題なんです。日米安保第5条が適用できるのは、すごくわかりやすい事態で、そのほかの状況のほうが難しい。

ケントさんは先ほど尖閣問題について、アメリカはアメリカの国益を考えてどうするか決めると言いました。では、例えば海上で、日中間に何かが起こったとします。中国は情報戦、広報外交がうまいので「日本が先に撃った」という雰囲気にされかねない。

もし日本から先に攻撃したとアメリカが認識すれば、第5条は適用されません。そしてそのときのアメリカの政権が中国寄りであれば、なおさらアメリカは行動しない可能性が高いでしょう。

ケント それはそうでしょうね。

ロバート さらに、武装した漁民などが尖閣諸島に上陸した場合のような、条約上のグレーゾーンがあります。例えば、尖閣諸島の領域に中国などの船が入り、「故障」し、修理用の部品や、船員の食料などの補給の理由で2隻目、3隻目が入り込む（実際に沖縄返還前にそのようなことがありました）。そしていつの間にか、対応し切れないほどの船や人数が尖閣にいるという事態。中国はその間、武装した海警の船を中国の漁民を守るとの名目、あるいは情報収集と称して派遣する。

この緊迫した状況の中で、アメリカは尖閣を守りますか？ あるいは現在の日本政府に退去させる力があると思いますか？

ケント 難しいでしょうね。日本は安保条約第5条に基づいて、アメリカが尖閣を守ると思っているのでしょうけれども、アメリカは自分たちの国益にかなわなければ、お花畑の日本人のために流血する義務はないということになります。もし、国益にかなわないことをすれば、そのときの大統領は、絶対に批判されますからね。

トランプ大統領が、２０１７年2月の北朝鮮によるミサイル発射を受けての日米共同記者発表の際に何と言ったかも見るべきですよ。彼は、「アメリカはきちんと日本の後ろについている」ということを言った。「the United States of America stands behind Japan, its great ally, 100 percent」です。これは、日本を守るということですか？

ロバート　違いますね。

ケント　日本が動かないかぎり、アメリカは何もしないと言っているのです。

ではマティス国防長官は何と言ったか。彼は「We stand firmly, 100 percent, shoulder to shoulder with you and the Japanese people」と言いました。要は、我々は肩を並べて日本の横に立っているよということです。これは日本を守るという意味ですか？　アメリカが先に一歩踏み出して、日本を守ると読み取れますか？

ロバート　当然、そうは読めませんよね。だから日本は自国で自国を守るしかないんです。いつも日本は「対話による」解決を選ぼうとします。しかし、それは中国の主張を正当化し、彼らの立場を強化することにつながることがわかっていない。

ケント　アメリカの対応はこういうものなのですが、では尖閣ではなく、沖縄全体を中国が取ろうとしたとき、どうなると思いますか？　これはアメリカが中国と戦争をすることになるでしょう。でも、それは何のためかと言えば、日本を守るためではありません。

ロバート　米軍基地を守るためですね。

ケント　そうです。沖縄はアメリカにとってインド・太平洋地域の最も重要な鍵であり、要石なんです。だからこれを中国に譲るわけにはいかないというだけのこと。アメリカの国益が絡んでいるわけだから、それは戦いますよ。でも、決して日本を守るために戦うわけではない。これを日本人は勘違いしていますね。

ロバート　日本人は、友達だからアメリカは日本のために戦うと思いがちですよね（笑）。

ケント　友達だから、同盟国だからという理由でアメリカは戦わない。アメリカの国益のために戦うのです。相手が友達であっても同盟国であっても、アメリカはアメリカの国益第一で動きます。日本人はここをわからない人が多いのですが、なぜなら同盟や国家主権の意味を理解していないからです。教育現場で洗脳されていますから、誰もこういう問題の説明をしようとしない。だからこの本が必要です（笑）。

ロバート　「不戦主義」の日本はとても危険ですね。世界最古の歴史を誇る日本という国自体が滅亡してしまう可能性があります。

「不戦主義」が危ない理由

ケント　「不戦主義」が危ない理由の2つ目は、他者から搾取されるということ。搾取されても、不戦主義だから取り戻せません。

ロバート　冒頭でも述べましたが、一度、取られたものを取り戻すのはとても難しい。

ケント　そう。領土だけでなく、拉致被害者も5人しか取り戻せていない。しかしここでとくに言いたいのは、非常に気持ちが悪い事態、「日本の名誉」の搾取です。韓国や中国が全世界で、日本の名誉を傷つけています。

ロバート　名誉を傷つけられても、日本はずっと戦わなかったから。

ケント　安倍政権になってだいぶ巻き返しをはかっていて、最近は韓国のデタラメな発言に関しては、民間人の「草莽の志士」たちが国連に出かけていって反論したりしましたが、それでもまだまだ反撃が足りません。

ロバート　名誉を傷つけられると、戦う意志がますます弱くなっていきます。

ケント　そうです。そして「不戦主義」が危険な3つ目の理由は、同盟国にタダ乗りしていると言われることです。

トランプ大統領は大統領選挙中に、日本に対しても様々な文句を言っていました。トランプ氏の持っている情報が古かったから、少しかわいそうだと私は思ったぐらいなんですが、まず貿易に対して言っていましたよね。日本はクルマばかりつくって、アメリカに輸出しているから貿易不均衡なんだということですが、これは30年前の話（笑）。

そして、「在日米軍の経費を払え」とも言っていました。「日本や韓国のほか、北大西洋条約機構（NATO）加盟国など同盟国の安全保障タダ乗り」と言ったんですね。

つまり日米安保は片務的な防衛条約だから不公平だということ。日本が攻められたら、アメリカが日本を守らなければいけないのに、アメリカが攻められても日本が何もしなくていいのはおかしいと思わないか？　ということです。すると、アメリカ国民はそうだそうだと言う。するとトランプ氏は、そうであるならば、せめて在日米軍の費用をもっと日本が持つべきだと言ったのです。

でも、すでに日本が全部、在日米軍の費用を持っている（笑）。日本はアメリカ軍人の給料以外は、ほとんど全部、持っています。これ以上、日本が費用を持つと、もう米軍は傭兵になっちゃうわけですよ。

ロバート　日本は他の米軍が駐留する国と比較しても、いちばん負担率が大きいですね。米国防総省が２００４年に公表した報告書などによると、02年に日本が駐留米軍1人当たりに支出した金額は約10万６０００ドル（約１１５５万円）。日本側が負担する割合は74・５％で、サウジアラビア64・８％、韓国40％、ドイツ32・６％などを大きく上回っています（産経新聞）。

私も大統領選の際のトランプ氏の発言にやや違和感があって、メディアなどで安倍政権に対して、トランプ氏の日本に対する誤解を解くべきだと提案し続けていました。80年代の日米経済摩擦を意識したトランプ氏は、１９９０年2月以降、来日していませんでしたから、日本が国際社会や日米同盟に貢献していないと思っていたのです。しかし、冷戦後の90年代から今日に至るまで、日本はより積極的になり、「タダ乗り」をしているわけではないことが明らかです。つまり、ケントさんが指摘されているようにトランプ氏の認識は古かったわけです。

もうひとつ違和感があったのは、トランプ氏が日米同盟、日米関係をお金で語ったことです。日米関係や日米同盟は、お金によってではなく、友情や国益によって確立されています。ですから、日本の国際貢献や日米同盟への貢献を考えると、お金を払うべきではないと私は考えていました。もちろん日本は払う気になれば、もっとアメリカにお金を払えるでしょうが、トランプ氏の誤解を正しながら、説得すべきだと当時、提言しました。

さらに、アメリカに払う金額を増やす前に、無駄をなくすべきだとも同時に述べました。日本は、米軍による無駄遣いの削減を要求することができます。また、基地の整理縮小、共同使用などで、いくらでも節約できるのです。

政治的タダ乗り

ケント　その上、さらに日本が費用を出して軍人の給料を払うとなったら傭兵になってしまうので、それがいいとは誰も思わないでしょうね。
ある日本人の友人は、トランプ大統領がそこまで言うのならば、第七艦隊を日本が保有する米国債で買うと言えばいいと言っていました（笑）。確かにもうそれぐらいしか、片務防衛条約ではできることが残っていない。すでにお金は出しているんですからね。

トランプ大統領は当初、そのことをよく知らなかった。だから大統領選の後に安倍総理がニューヨークまで飛んでいって、いち早く話し合いをしたのでしょう。いろんな誤解を解くために日米首脳会談を素早く開いたのだと思います。

だからいまはもう在日米軍の費用についてはトランプ大統領は何も言わなくなりました。ただし、それは言わないけれども、日本が軍事面で自立していないことに、ものすごい不満を持っているようですよ。だって日本は能力的には可能なんだから。

ロバート　トランプ大統領はＮＡＴＯにもプレッシャーをかけています。ドイツ、ベルギー、ノルウェー、カナダなどＮＡＴＯ加盟国首脳に書簡を送り、国防費の増額を求めました。

ケント　トランプ大統領はドイツやカナダなどが、ＮＡＴＯの目標であるＧＤＰ比２％を達成してないと批判していましたからね。

ロバート　ニューヨーク・タイムズ紙（２０１８年7月2日）によると、トランプ氏はドイツのメルケル首相に宛てた書簡で「同盟国が約束通りに（国防費を）増額しないことに米国で不満が高まっている」と強調したそうですが、これはそのとおりで、トランプ大統領はある層のアメリカ国民の不満を代弁していると言えます。

ケント　つまり、アメリカにばかり頼るなということです。欧州諸国も日本もアメリカから自立してよ、ということ。トランプ大統領が何を言おうと、自立していれば問題ないのです。日本は自立したほうがいい。

日本がいくら金銭的には費用を出していても、政治的には「世界一強いアメリカの同盟国」という看板にタダ乗りしているわけです。米軍兵士の愛国心に、愛国心がないか、それを表現する勇気のない日本人が乗っかって利用しているのです。

ロバート　これを捉えて、日本の左側の人たちは、「自民党は追従外交をしている、アメリカの言いなりだ」と言いますよ。

ケント　だったら自分の国は自分で守ればいいんですよ。アメリカの言いなりになるなと言いつつ、アメリカがつくった憲法は一文字も変えるなという左側の議論は論理的におかしい。「平和活動家」が暴力的だったり、「差別反対」と叫ぶ人のツイッターがヘイトスピーチばかりだったりと、日本の左側はいつも矛盾しているんです。

国は守らず太郎君は守る

ケント　「不戦主義」が危険な理由は以上の3つですが、「レッド・ヘリング」でその意味がわからない日本人が多いわけです。不戦主義者の人たちは、自分たちが「不戦主義」だと認識していない。「平和主義」だと思っているわけですからね。彼らは「不戦」と「話し合い」で、平和を守ることができると言う。まったく論理が通らないことを言います。私は頭の中の回路を見せてもらいたいくらいなんですよ。頭の中がクルクル、クルクルとなっているのかもと思います（笑）。

ロバート　クルクルの先は言わないほうがいい（笑）。

ケント　それでそのクルクルの人たちは、彼らの主張がクルクルであることを指摘すると、「でも、平和は守らなきゃいけないんだ」と宗教のように言うわけです。

例えば「九条の会」の主要メンバーは共産主義信奉者なのに、主張は新興宗教みたいです。ちなみに「九条の会」とは、『デジタル大辞泉』によれば「戦争放棄と戦力を持たないことを規定した第9条を含む日本国憲法の改正を阻止するために、井上ひさし・梅原猛・大江健三郎など9人の知識人・文化人が結成した市民団体」です。故人の悪口を言いたくありませんが、井上ひさし氏の家庭内暴力の凄まじさは娘さんが自著に書いています（『激突家族 井上家に生まれて』石川麻矢著、中央公論社、1998年）。

その「九条の会」が呼びかけ団体のひとつになった「安保関連法に反対するママの会」というものがありますが、あれも本当におかしい。

ロバート 子供を戦争に行かせたくないと思う母親の純真な心につけ込んでいる。

ケント 「ママの会」は、小さい子供を持つママたちを集めて、「だれの子どももころさせない」と主張している。そして「安倍さんは戦争がしたいんだ！」と煽るんです。

でも、それは嘘ですよね。戦争をしたい人は安倍さんじゃありませんよ。

ロバート 戦争をしたいのは別の国ですね。

ケント なのに「安倍総理は九条を変えて、戦争がしたいんだ！」と嘘八百を平気で言う。そして、「そうなったら、あなたの子供は徴兵される可能性がある」と子供を持つ母親の不安を煽っています。徴兵制は憲法で禁止されていると日本政府は解釈しています。だからこれも嘘ですが、恐怖を煽って煽って、「困るでしょ！」と煽りまくる。これって〝売国教唆〟でしょ？ 国を守ることを放棄するという売国行為を教え諭しているのだから。スパイによる破壊工作活動の一種ですよ。

でも、この運動をしている「九条の会」の人たちも、不安を煽られてこの運動に参加したママさんたちも、そんな認識はないのだろうと思います。

アメリカでは国を守る意志のない人たちは、国の恩恵を受けられません。国家は運命共同体なので、本来は、全員で守らなければなりませんが、いまは一部の人たちで守っています。そうであるならば、その役目を買って出てくれた人たち、つまり軍人や軍隊に協力するのは国民として当然の義務なわけです。

それを否定するのは、売国行為に等しいと私は思います。「九条の会」などは、それを平気で日本中に広めているわけです。

そして「ママの会」は、うちのかわいい太郎君を守りましょうというわけです。自分は国を守らないけれども、自分の子供はほかの誰かを犠牲にしてでも守る。これは我々アメリカ人の感覚だと「売国奴そのもの」ということになります。

誰も攻めてこない理由

ロバート　日本では「売国奴」という言葉はすごく強い言葉になりますね。戦前戦中に新聞が国民に対して戦争を煽ったわけで、そういう空気の中で、戦争に反対する人たちに対して「売国奴」という言葉を使ったからです。その空気で日本はさらに戦争に突き進むことになったと日本人は思っていて、それに対する反省とアレルギーで、「売国奴」という言葉を嫌う傾向にあるということらしいです。

ケント でも、国を守らない、守ることを放棄するというのは、先ほど言ったように運命共同体としての国家を否定することになるわけですね。それは国の存在自体を否定することであって、それは結局、国を売っているのと同じですよ。

ロバート 「ママの会」の人たちも、日本という国の国民として、国の恩恵を受けています。日本のパスポートも持っていれば、福祉も受けているでしょう。道路も電気も水道もガスも、毎日当たり前に利用している。国の恩恵は受け取るけれども、責任や義務は果たさない、任せっぱなしというのは、最悪の状態だと思います。

ケント 義務を果たさないどころか、義務を果たそうとする人の邪魔をするのです。そのママさんたちは、そこまで言うのであれば、太郎君の義務教育の学費を自分で全額払ったらいいと思う。ママさんたちが支持する無責任野党も同じで、「仕事をしない、義務を果たさないなら、給料を受け取るな!」と言いたい。私たちに選挙権はないけど、日本国の納税者ですからね。

ロバート　日本人は「売国奴」という言葉にアレルギーがあるから、ほかに何かいい言葉はないでしょうか。

ケント　でも、そのくらい言わないと、彼女たちはそれが「売国」行為だと思っていないんですよ。逆に「平和を守る」いいことをしていると思っているんだから。

ロバート　誰も日本を攻めてこないと思っている。

ケント　誰も日本を攻めてこなかったのは、彼女たちが太郎君を守るからじゃなくて、日米同盟があるからです。米軍の抑止力のおかげです。でも将来はわからない。

ロバート　日米同盟の意義を彼女たちに諭すのはハードルが高そう(笑)。

ケント　日米同盟の存在を意識していないでしょうね。

ロバート　誰が攻めるの？　と。攻めるはずがない、とこうなる。

ケント　根拠のない楽観主義だよ。

日本では堂々とテレビ番組で大学教授が、「中国が日本を攻めっこない。攻めるわけがない」と言うんですからね。その根拠を見せてほしいと思いますよ。チベットや内モンゴルの人を横に連れてきて、同じことをもう一度言ってみてよと思います。

ロバート　そんなことを言ったら、ウイグル人やベトナム人だって怒りますね。

ケント　中国共産党はソ連やインドを含む全隣接国と問題を起こしていますからね。中華思想に「国境」という概念は無いんです。

徴兵登録なくして公的支援なし

ケント　アメリカでもベトナム戦争に反対している人たちは、徴兵制度に対して抵抗していました。徴兵登録をしないわけです。するとどうなるか。逮捕されます。だから結局、彼らはカナダに逃げるしかなかったのです。でも、あの人たち、戻ってきたんですよね。

ロバート　確かカーター大統領のときに恩赦を与えました。

ケント　恩赦で無罪放免となっても、彼らは地域社会ではとても軽蔑されます。

私たちは18歳のときに、徴兵登録をしていますよね。

ロバート　セレクティブ・サービスと言って郵便局などで登録しますね。

ケント　地元の連邦政府の出先機関に行って登録します。郵便事業は連邦政府の管轄なので、アメリカの田舎町ではそれはたいてい郵便局にあります。私もやっぱり郵便局の2階で登録しました。そういう部屋があります。

ロバート　アメリカの徴兵制は1973年に廃止され、その後は志願制になりました。しかし、徴兵自体は実施していないまでも、徴兵登録は必要です。連邦選抜徴兵登録庁に徴兵登録をすることが義務づけられています。

国があるかぎり、国を守らないといけないということが大前提で、18歳から25歳のアメリカ国民と永住外国人の男性が登録します。

ケント　女性はしなくていいけど、男性はみんな登録しなければいけませんね。もし登録しなければ、例えば年金のような公的支援は受けられませんし、公務員にもなれません。また、あらゆる社会保障も受けられないということになります。

ロバート　例えば私が海兵隊に転職したときは、セレクティブ・サービスの登録番号を求められました。他にも奨学金を政府から貰う場合にも徴兵登録をしていないと貰えないというようなこともあります。でも、徴兵登録がプレッシャーになるなどと思ったことはないですね。喜んで登録しています。義務ですが、光栄でもあります。

ケント　私のときはベトナム戦争が行われていて、まだ徴兵が実施されている時代でした。ベトナム戦争より前は、基準はあるけれどもほとんど全員が徴兵されていました。でも、ベトナム戦争の場合は、徴兵登録をした人数すべてが必要なわけではなかったんです。だから抽選で徴兵する人を決めていました。

抽選のために、まず誕生日をもとに1から366の数字を当てられます。私は75番だったかの数字が当てられたので、抽選番号は悪かったのですが、学生は卒業まで戦争に行かなくてもよかったのです。卒業までは徴兵免除という規定がありました。

そして私が大学に行っている間にベトナム戦争は終わりました。だから結局、私は戦争には行かなくてすんだのです。

当時、戦争に行くことについてどう考えていたのかを思い出してみると、私は砂漠育ちなので、ベトナムのジャングルの中で、自分が戦争をしているイメージがまったくわかないわけです。だから行きたくはない。でも、もし戦争に行けと言われたら、行くしかないとは思いました。

それまで平和に暮らしてきた、自分と自分の家族が受け持つべき代償を、自分が払うことになるんだと思ったんです。そういう運命共同体が国家ですからね。

私の母親は私の抽選番号を見たときに泣きましたが、「行くな」とは言いませんでした。「家族に回ってきた運命」という受け止め方です。国を守る義務の順番が、うちの息子に回ってきたというだけの話なのです。

ロバート　たぶんケントさんと私は16年くらい登録した年が違います。私が登録したのは86年で、もうベトナム戦争はすっかり終わっていました。

アメリカは、特に70年代後半はベトナム戦争の後遺症もあって、気分も経済も落ち込んでいたのだと思います。それで徴兵制から志願制になったわけです。

でも、レーガン政権でアメリカはプライドを取り戻しました。だから、私の世代は徴兵登録にも違和感がないんです。

普通の国になる代償

ケント　日本では自分の国を自分で守る「普通の国」になる、つまり憲法改正すると、その代償があると言う人がいますね。代償とはつまり、「自衛官の血が流れる」ということでしょうか。

ロバート　もし、日本への侵略があった場合に、自分たちでそれを阻止するために戦うのだから、その代償はあるでしょう。でも、それが嫌だということは、「では日本の防衛のためにアメリカ人の血は流れてもいいのですか？」という疑問が残ります。

しかも、「自衛官の血が流れる」ことを代償と言っていいかどうか。私たちからすれば、代償という言葉にピンときませんね。「普通の国」になると、代償というよりも、良いことがたくさんあると思います。

ケント　「普通の国」になる代償、日本にとって悪いことって何なんだろう。憲法改正をすれば中国は困るでしょ？　北朝鮮も困る。韓国もそうかな。だって、いままでのプロパガンダが台無しになるからね。

ロバート　そう。そしてちょっと朝日新聞も困る。教職員組合が困る。立憲民主党や共産党も困る。戦後利権がなくなります。

ケント　そういうこと。反日勢力は大打撃を受ける。

ロバート　ただし、憲法改正によって日本が「普通の国」になった場合、日本の国際社会における責任は大きくなります。その多少の負担は出てきますね。一方で、可能性もたくさん生まれます。かかわる国、かかわる地域で、いわゆる代償を払うことの代わりに得られる尊敬や敬愛という、ポジティブな面もあります。

ケント　日本が国際的に活躍することについては、近隣の特定の3カ国を除いて、ほかの諸外国は皆さん期待しているわけです。でも、日本はいまのところ、その期待に真剣に応えようとしていない感じがします。

ロバート　少しネガティブに言えば、そうですね。いままでは防衛予算が、いわゆるGDPの1%できましたから。

ケント　もうそれでは間に合わないね。

ロバート　いま、GDP比2%という議論が出てきています。その政府内の予算獲得で、防衛費を拡大することになった場合、当然、予算全体を増やさない限り、ほかの省庁の予算がカットされる。ですから嫌がる人たちもいるでしょうし、妨害もあるでしょう。50年あまりかかりましたが、防衛庁が省になったとき、外務省は非常に嫌がっていたらしいですから。

ケント　でも日本は国際的にもっと活躍したほうがいいですよ。すでに安倍総理はそれをしています。

こういう話をすると私は血圧が上がるんですけど(笑)、多くの日本人は感謝の心を忘れてしまったと思いますね。日本というこんなにすばらしい国がまだ世の中に残っているのは、それなりの役割があるはずだからです。それをまったく意識せず、ただ楽しいだけで過ごしていていいの？　もしそうだったら、日本はぬくぬくと緩慢に太って、成人病にでもなんでもなって早死にしてくださいと。そう言いたい。

ロバート　過激ですね（笑）。

ケント　ほんとにそう思うから。世界の中の日本の役割は、大きいのです。でも、あまり国としては期待されたことを果たせていない。例えばビジネスマンが海外にたくさん出て行って活躍しているとか、日本企業が世界で貢献するとか、ODAとか、そういうレベルの話ばかり。経済的な貢献を日本はたくさんしています。でも、国を挙げて、リーダーシップをとって、揉め事を収めたり、あるいは困っている国を助けたり、国際政治上の役割を果たしているかというと、日本にそういうことをしようという意識がなかった気がします。安倍総理はそれを実践していますが。

ロバート　例えば冷戦後にカンボジアの和平については、日本がかなり主導的に動いていました。また、東ティモールでもインフラ整備や教育などの制度づくりで日本は大きく貢献しました。それでも日本の経済的な存在感に比べると、政治的な活躍は少ないとは思いますね。ちなみに最近、日本が建国にお金をかけ汗を流した東ティモールでは、中国の影響力が拡大されつつあります。地政学的に極めて重要な東ティモールにもう一度、注目すべきではないでしょうか。残念ながら、カンボジアはすでに完全に中国の支配下にあると言えます。そして中国はフィリピン南部のミンダナオを狙っています。

日本の貢献が期待されている

ケント　なぜ日本に政治的な活躍ができないかというと、それは自国を自国で守れないからです。軍事力がバックになければ、国際社会では発言力も大きくなりません。

平和安全法制をつくるとき、日本国内ではメディアを挙げて反対論が叫ばれて大騒ぎでしたが、海外では絶賛していたでしょう？　いかに国際社会の日本の軍事的貢献に対する期待が大きいかです。また、諸外国の期待といかに日本国内の消極的な議論とがずれているか。あのときは、すごく象徴的にわかる瞬間でしたね。

ロバート　安保法制には、欧米やアジア諸国だけでなく中東、アフリカを含む計59カ国が支持を表明しましたね。当時の記事を引きます。

〈アジアでは、フィリピンやインドネシアなどが歓迎を表明。中央アジアではカザフスタンやキルギスなどが「日本が戦後一貫して平和国家としての道を歩んできた」と評価。ウズベキスタンのカリモフ大統領は昨年10月、同国を訪れた首相に、安保法制について「マイナスの要素は見当たらない。さも問題があるかのようにすべきではない。日本のビジョンを正しく理解すべきだ」と強調した。（中略）また欧州連合（EU）と東南アジア諸国連合（ASEAN）は、首脳会談で「日本の貢献に期待する」として、同加盟国を含め59カ国に及ぶ国々が安保法制を支持している〉（産経新聞2016年3月21日）

安保法制成立前には、東南アジア諸国連合（10カ国）も日ASEAN外相会議での議長声明に「日本の現在の取り組みを歓迎」と明記したし、15年6月の日独首脳会談ではメルケル首相が「国際社会の平和に積極的に貢献していこうとする姿勢を100パーセント支持する」と評価した。15年6月に来日したフィリピンのアキノ大統領は国会演説で「国会での審議に強い尊敬の念をもって注目している」と述べています。

ケント　日本は自分たちが「普通の国」になるイメージができてないと思うんです。憲法をちゃんと改正したとします。自衛隊は軍隊だと認められたとしましょう。それで日本はどうするの？　そのイメージができていないと思います。

アメリカの戦争に参加しなければならないだろうと言う人がいたりします。でもそれはないんです。世界にはたくさんの国がありますが、アメリカの戦争に参加しているのはごく限られた、イギリスやフランスくらいです。日本はアメリカの戦争に参加しなくてもいい。日本の国益のために参加したいと思えばしてもいいですけど、したくなければしなくてもいい。それはアメリカに対する義理人情で決めるべき話ではなく、日本の国益で決めればいいわけです。

では憲法を改正して、自分たちで自分の国が守れるかどうかについてです。これもイメージできていないと思う。だって憲法を改正して戦争をしてよと誰が言うのですか？　トランプ大統領は中国やロシアや北朝鮮がアジア地域で妙な動きをしないように、日本も抑止力をもっと増やしてよと言っているのです。

あるいはいざというときに、例えばもし、日本にとっての「正義の戦争」をする必要が生じた場合に備えて、十分な軍事力をつけておくべきということです。日本が今後、絶対に「正義の戦争」をしないとは限らないですからね。

また、日本人には日本だけで日本を守るイメージしかないのだと思うのですが、それもあり得ないと思います。この時代には、自分の国だけで自分の国を守れるという国はもうないのですよ。アメリカには一応それが可能だけど、普通はどこかと協力しているわけです。集団安全保障体制ですね。

ロバート　少なくともこの100年間、ずっとそういう国際政治の枠組みできています。日本人は忘れているみたいですが、日本はいまから100年前の第一次世界大戦で、見事にそれに参加していました。日本は多大なる貢献をし、実績を残しています。

ケント　日本は第一次世界大戦の戦勝国です。2018年は第一次世界大戦の戦勝100年なんです。だから秋になったら日比谷公園を借りて、戦勝100周年記念軍事パレードをやって、中国の習近平国家主席を招待すればいいんですよ。いいでしょ？

ロバート　いいですね。日本にとっての「正義の戦争」ですぐ考えられるのは、例えば台湾が中国によって侵略、攻撃された場合、日本はどうするのかということですね。一日も早くその議論をして、立場を確認する必要があると思います。だからこそ早く日本版・台湾関係法をつくるべきです。

そして憲法改正の際に、ぜひ組み込んで頂きたいのは、外交のみならず防衛政策は、国家の専権事項だという考え方です。これは当たり前のことですし、日本国憲法制定の段階では防衛政策の話がなかったので、憲法には書いていません。「平和憲法」

ですからね。現在の日本国憲法第73条は内閣について、国務や外交などの事務には触れていますが、防衛政策に関する事務には一切触れていません。これを組み込まなければ、基地をめぐる政策についての県民投票、住民投票は続くでしょう。実際に、いま、沖縄では、再び、そのような動きがあります。

味方を増やすために

ケント　もしその正義の戦争を行う必要があったとしても、参加するのは日本だけではないですね。台湾の味方にはアメリカもいるから。

そんな国際情勢の中で重要なのは、味方をどうやって募るのか、味方になってもらう約束をどう取り付けるかです。それは自分の努力次第なんです。自分たちが何もしないで、いつまでもアメリカの若者だけが、日本のために死んでもいいという誓約書を書いているような状態では、自分たちが困ったときに味方になってくれとは頼めないでしょう。いつまでそれに甘えているのかと言いたいです。

一般社会でもそういう身勝手な甘えん坊は嫌われますよね。日本は、諸外国から嫌われたいわけですか？　いまのままじゃ、いずれアメリカに嫌われますよ。トランプ大統領はギリギリ、安倍総理と仲がいいからまだいいですが、もしいま総理大臣が安倍さんでなければ、日本はアメリカとうまくいっていないと思います。いま、敵対関係ではなく、協力関係に持っていっているわけですが、日本の努力不足があまりにも目立つと、アメリカ国民はいつまでもこれを許さないと思いますよ。

日本にはよくアメリカから独立したいという議論が起こりますが、じゃあ独立すればいいのにと、私は思うんですよ。自分のことを自分で始末できないのに、家出をしたい中二病ですか？　じゃあ、家出をしてみたら？　というのと同じだと思う。

でも日本人に聞くと、そうじゃないという。じゃあ、いまの状態は何なのよ（笑）。アメリカ人にはわからないわけです。だって、日本は海外の国、みんなの友達になりたいわけでしょ？　日本はその自分の友達にはどういうことを望んでいるの？

ロバート　助けてもらうこと。

ケント　じゃあ、アメリカは日本を助けてあげます。それに対して、日本はどうするの？　一方的に助けてもらって、終わりですか？

ロバート　日本はその分のお金を払っていると思っているのでは？

ケント　何だ、それ（笑）。商取引じゃないんですよ。国を守るというのは死活問題なんです。国民の生命、いや国家の生命がかかっているわけ。日本とアメリカは幸運にも、一度も滅んだ経験が無い国同士だけど、ヨーロッパや中国大陸の国々は何度も何度も戦争で滅ぼし合って、数えきれないほどの「国家の生命」が失われてきたんです。

戦争に負けた国の国民は基本的に奴隷扱いです。「いまの時代、それはないだろう」と思うかも知れませんが、チベットやウイグル、内モンゴルの人々は、中国人民解放軍に負けた後、もの凄い人権弾圧を受け続けているじゃないですか。だから国防というのはお金の話じゃないんです。いつまでも「私のかわいい太郎君が、徴兵されるかもしれない」と言うのは馬鹿げているわけです。「太郎君が奴隷になるのはいいんですか？」という話です。この国をどうするか考えたくなければ考えなくてもいいですが、でも、真面目に考えている日本人の邪魔をしないでくださいと言いたい。

先ほども述べましたが、多くの日本人は感謝という気持ちを忘れてしまいました。彼らは利己主義にすら思えます。自分さえ良ければいいということです。「ママの会」の言っていることも利己主義です。

自分さえ良ければいいというのは、本来なら、日本の文化ではないはずですが、いまはそうなってしまっているんです。権利ばかりを主張して義務を果たさない。

ロバート　ケントさんが指摘された感謝ですが、日本は国際社会への感謝と同時に、国民が国に対して感謝するのも、忘れていると思います。

ケント　戦争に対する感謝も忘れていますね。

ロバート　軍人にも、ですね。

本書を読んでくれた日本人には、もう一度、この国に対する感謝、あるいはその愛について、考えてもらえばいいなと思います。

ケント　近年とくに、靖国神社に参拝している人はすごく多いし、もちろん全員が感謝の心を忘れているわけではないのですが、やはり足りていないと思います。

私は神道というのは感謝の宗教だと思っています。神道を宗教と言っていいかどうかは微妙なところですが、便宜的に宗教ということにしましょう。神道は感謝の宗教です。誰に対してというのではなく、日本人がこんなに恵まれていて、こんなに大自然の中で健康であることに対する感謝のひとつの表われが神道だと思います。これこそ日本なんです。そう思いませんか？

ロバート　そう思います。

ケント　その基本を、日本人が忘れてはいけないと思うのです。

ロバート　日本は、いま、いろんな危機、外側の危機や国内の危機に陥っています。だから愛国心を持って、感謝の気持ちを持って、どうすれば国のために役立つことができるかを、希望を失わず、もう一回、じっくり考えてもらいたいですね。

ケント　いま、世界中の国々が不安定ですが、日本というすばらしい世界最古の国が、今後も末長く生き残って発展していくために、国際社会にも国家にも、戦争にも、軍人にも、英霊にも感謝することを、思い出してもらえればいいと思います。

あとがき

ロバート・D・エルドリッヂ

この「あとがき」を書き始めたのは、２０１８（平成30）年8月15日でした。偶然なのか、運命なのかはわかりません。

終戦、日本の敗戦から73年。日本国民には様々な思いがあると思います。家族や友人を失い、敗戦を昨日のことのように思い出される方、あるいは終戦が遠い存在となっている方もおられるでしょう。中には、すべてを忘れて、前向きに生きたい方もおられると思います。

私にもまた別の思いがあります。第二次世界大戦で太平洋地域において日本と戦った父を持つ私にとっては、大好きな日本にいまいることができるのは本当に幸せで、ありがたいことです。この日本をつくってきた「先輩」の方々に感謝しています。

特に今年は、日本武道館での全国戦没者追悼式に天皇皇后両陛下がご臨席される最後の年であり、ひとつの時代が終わろうとしていると感じました。

私が来日したのは、１９９０年7月末で、いまから28年も前になります。しかし、ケントさんよりは、はるかに後になります（でも彼に負けないくらい日本のファンです）。

私達は二人とも親日派で、心から日本を応援しているという共通点があります。だからこそ、私達はときどき、日本人にとって耳の痛いことを指摘することがあります。ケントさんよりは私のほうが耳に優しいと思いますが（笑）。そして私達は共に、日本人がもっとプライドと自信を持って、積極的に前に進んでほしいと願っています。

日本が前に進もうとすると、革新系の人たちはまるで日本が「世界の脅威」であるかのように言います。しかし、そんなことはまったくありません。むしろ日本は世界の脅威に対して共に立ち向かう極めて重要なアメリカのパートナーであり、国際社会の一員です。特に本書のメインテーマである安全保障政策の分野では、日本はまったく諸外国に遠慮する必要はありません。

本書のもうひとつの重要なテーマは、国防に関わっている方々へのリスペクトです。対談中、日本は国のために戦うスイッチを70年以上、使用していないと述べました。そのため、読者の方の中には、戦争などで亡くなった自衛官はいないのだと思われた方がいらっしゃるかもしれませんが、決してそうではありません。

例えば、第二次世界大戦後、1950年に勃発した朝鮮戦争の際には国連軍の要求で、海上保安庁の掃海部隊からなる「特別掃海隊」が機雷処理のために派遣されました。そして、「特別掃海隊」に参加された旧日本海軍の方々をはじめ、犠牲になられた方がおられます。また、訓練やその他の事故で亡くなられる自衛官も毎年、いらっしゃいます。

市ヶ谷にある防衛省の敷地内の「メモリアルゾーン（慰霊碑地区）」には、自衛隊殉職者慰霊碑があり、2000柱近くが祀《まつ》られています。安倍首相のおじいさんに当たる岸信介元首相以来、内閣総理大臣は毎年10月末に開催される自衛隊殉職隊員追悼式に参列することになっていますが、実は、自民党出身の総理大臣の不参列が極めて多いのです。自民党系の総理大臣では安倍首相をはじめ、8名が参列してきましたが、9名が不参列です。対して、非自民の総理大臣の参列率は極めて高い。細川護熙首相は不参列でしたが、鳩山由紀夫首相は代理を派遣、それ以外（村山富市、菅直人、野田佳彦各氏）はきちんと参加しています。

つまり、国に対する誇りや殉職自衛官に対する哀悼や感謝の気持ちは、国民全体が持つべきですが、現在の与党は期待されるほどそれを持っておらず、現在の野党は皆さんが想像されるほどにそれを持っていないわけでもないということです。

私はかつて防衛省の殉職者慰霊碑を訪れて追悼の誠を捧げましたが、殉職隊員には知り合いも含まれており、大変感銘を受けました。読者の皆さんは、慰霊碑に黙祷されたことがあるでしょうか。靖国神社をはじめ、そのすぐ近くにある千鳥ケ淵戦没者墓苑を訪れたことがあるでしょうか。私は上京するたびに、可能な限り、靖国神社を参拝しますが、後者の千鳥ケ淵戦没者墓苑は去年初めて参りました。

また今年の春には特別な機会を頂き、米軍人の遺骨収集を管轄しているアメリカ政府の高官らと千鳥ケ淵と靖国のそれぞれに訪問し、前者で行っていた遺族会による式典に参列することができました。遺族の方々は、旧敵の代表を温かく歓迎し、彼の挨拶の言葉（私による通訳）を一所懸命に聞いてくださいました。私はこのとき、一倍、嬉しく感じたものです。それはこの参列が日米の和解の象徴だということと共に、私達アメリカ人を「おもてなし」する日本人はとても品のある国民だと改めて感じたからです。涙が出るほど、感動した日でした。

遺骨収集に関しては、8月16日に残念な報道がありました。厚生労働省に委託された二人の専門家が、フィリピンで旧日本兵のものとして収集された遺骨のDNA型鑑定を行い、「日本人である可能性が高い人骨はなかった」と報告書を出していたことが発覚したのです。厚労省は長年隠蔽してきたわけですが、それは担当者が自分を守るためだったのか、組織を守るためだったのか、理由はまだわかりません。しかし、これは明らかに、国や遺族のことを考えていない行為でしょう。

人は誰でも、生を受けたら等しく「平和で穏やかな人生を送りたい」と願うものです。しかしながら歴史を振り返ると、国々の発展過程において政策上〝戦争〟を決断せざるを得ない状況があったのもまた事実です。だからこそ、それぞれの国の政治家による「開戦の責任」、そして「終戦の決断」、さらには「終戦後の行動」について、国民は常に注視しなければならないと思います。

かつて同じ戦場で全力で戦い合った国が、力を合わせて戦死者の遺骨を収集し、鑑定し、ご遺族のもとに返すことこそ、祖国の平和と発展を願って尊い犠牲を払った両国の英霊（英雄）に対する責任であり、その姿こそが「平和である証明」です。

多くの日本人は、平和を得るために努力してきた人々の存在を忘れています。終戦から73年も経ったいま、日本にいまだ帰還を果たしていない約112万柱もの戦没者の遺骨が、海外に放置されています。

アメリカでは「キーピング・ザ・プロミス」という理念のもと、莫大な予算と人員で「国は軍人との約束を順守する」活動を世界中でたえまなく実施していますが、日本政府ももっと頑張らないといけません。

実は、いつもこの問題を共に議論し、様々に教示してくださる盟友、米津等史元衆議院議員は、18年7月、戦没者遺骨収集をライフワークとしている民間人に与えられる最高の賞である「アメリカ国防総省公務殊勲賞」を授与されました。

彼は国会議員の職を辞し、戦没者の遺骨収集を行うために私財も投げ出し、この活動に邁進しています。一部の人には「バカだな……」と言われていました。でも、彼の努力により、日米で協力し合いながら多くの戦跡で「ビルマの竪琴」のような御霊を追悼する物語がつくられつつあります。

平和が当たり前の権利だと考え、歴史と向き合うことを避ける「バカ」になるか、それとも、ひとつのことをやり抜くために地位も財産も捨てて歴史と向き合う「バ

れば と思います。

カ」になるか。それは、この本を読んでくださった皆さんひとりひとりが考えて頂け

本書のきっかけとなったのは、第2章でも述べましたが、2018年3月末に東京都内で開かれた勉強会での拙論「日本の人口減少の問題と自衛隊」についての報告です。同勉強会のテーマは安全保障、外交、テロ、情報と様々な分野にわたるため、参加者には自衛隊OBだけでなく、外務省や防衛省OB、元議員や現役の議員の方々もおられます。

少し紹介しておくと、この勉強会の主催者は、一昨年から私が上席研究員として所属している一般社団法人日本戦略研究フォーラム（JFSS）です。1999年に設立されたJFSSは、長野禮子理事兼事務局長による素晴らしいテーマ設定や進行によって、専門家同士が集まる場を提供し、インターネットや刊行物を通じて発表する機会もつくっています。

JFSSによる勉強会やシンポジウムの内容は常に濃く、そこで行われる議論も常に熱いものです。そして国民に、より広く防衛問題について知ってもらう活動だけで

はなく、諸外国に対して、日本の立場を説明する役割も果たしています。その意味で、政府はJFSSや私が約20年前に研究員を務めた一般財団法人平和・安全保障研究所などの日本の民間研究所をもっと大切にしてほしいと思います。民間の研究所は、政府よりも上手に広報外交が展開できますし、より客観的な国際情勢についての研究や政策提言もできるからです。

実は、本書の対談相手かつ友人であるケントさんもJFSSと縁があり、17年10月に開催されたシンポジウムではパネリストを務められました。

さて、その勉強会で私の発表を聞いた自衛隊OBの方々、その他の参加者の方々の反応はどうだったでしょうか。彼らは熱心に質問し、共に議論しましたが、このときばかりはいつもとちょっと違いました。参加者の方々の思いが、非常に複雑だということがよくわかったのです。

国民の自衛隊に対する真の理解がまだ少なく、大学などの教育現場には依然として偏見や先入観、あるいは敵意があるのではないかと思わざるを得ない様々な苦労についても聞きました。彼らは国防政策や自衛隊の運営以前の問題に悩んでいたのです。

さらに、私がいわんとした「人口減少によって自衛隊の募集はさらに大変になる」

ということに加えて、ある参加者は「教育や政治を変えないと自衛隊の募集はいつまでも大変どころか悪化するだろう」との意見を述べられました。そして私はそのとき、「ロバートさん、外圧を使って国民の意識を変えてください」との強い要請を受けたのです。それは涙を流さんばかりの切願でした。

ひとりでこの使命を達成するのは難しいと思い、私は同じ思いを持つケントさんにすぐ連絡しました。そして、共著で本書を出版することを快諾頂いたのです。

最後になりますが、本書は現在および過去の自衛隊員とそのご家族に捧げたいと思います。日本や世界のために頑張ってくださって心より感謝しています。

2018年8月　**ロバート・D・エルドリッヂ**

ケント・ギルバート

米カリフォルニア州弁護士、タレント。1952年生。「慰安婦報道」の嘘やGHQの「ウォー・ギルト・インフォメーション・プログラム（WGIP）」の存在を知り歴史認識が一変。その後の「ファクト（事実）」にこだわった言論活動が注目を集めている。著書に『まだGHQの洗脳に縛られている日本人』『やっと自虐史観のアホらしさに気づいた日本人』（いずれもPHP研究所）、『儒教に支配された中国人と韓国人の悲劇』（講談社＋α新書）、エルドリッヂ氏との共著に『危険な沖縄　親日米国人のホンネ警告』（産経新聞出版）など多数。

ロバート・D・エルドリッヂ

1968年、米ニュージャージー州生まれ。90年に米国バージニア州リンチバーグ大学国際関係学部卒業後、文部省ＪＥＴプログラムで来日。99年に神戸大学大学院法学研究科博士課程修了。政治学博士号を取得。01年より大阪大学大学院国際公共政策研究科助教授。09年、在沖縄海兵隊政務外交部次長に就任。15年5月同職解任。著書に『オキナワ論』（新潮新書）、『トモダチ作戦　気仙沼大島と米軍海兵隊の奇跡の〝絆〟』（集英社文庫）、『尖閣問題の起源　沖縄返還とアメリカの中立政策』『沖縄問題の起源　戦後日米関係における沖縄1945‐1952』（名古屋大学出版会）など多数。

平和バカの壁

平成30年9月19日　第1刷発行

著　　者　ケント・ギルバート、ロバート・D・エルドリッヂ
発 行 者　皆川豪志
発 行 所　株式会社産経新聞出版
〒100-8077 東京都千代田区大手町1-7-2
産経新聞社8階
電話　03-3242-9930　FAX　03-3243-0573
発　　売　日本工業新聞社　電話　03-3243-0571（書籍営業）
印刷・製本　株式会社シナノ

ISBN 978-4-8191-1346-5　　C0095